广东省教育厅研究生
示范课程建设项目

深圳大学“当代建筑前沿”课程系列

遗产·数字·更新 2021

范　悦　　肖　靖　　范雅婷　　编著

中国建筑工业出版社

总序

“当代建筑前沿”是一门面向建筑学研究生开设，围绕若干个主题邀请相关领域有建树的中青年学者或建筑师来“论道”和“对话”的课程。其背后深层的考虑就是面对当今如此的混沌和不确定性，如何才能认识和应对“大变局”中“建筑”的真面目，我想也只有专题“论道”、多方“对话”，才能解答。本课程每学期设立特定**建筑学学术前沿专题**，突出地域性的湾区建设、学术性的专业领域、社会性的思想热点，围绕专题邀请国内外知名学者进行**学术讲座**，为每场讲座针对性策划邀请大湾区地域范围的学者进行**高峰对谈**。在本书的重组解构后，学者们在同一专题下从不同维度，在不同语境下解读和回应相近学术专题，构建有趣的异时空**“论道”与“对话”**。

“当代建筑前沿”课程专题实践过程践行 3 个原则：**“国际视野”“学术高地”“青年先锋”**。充分引入东京、新加坡、中国香港等国际城市范式研究视野，对标大湾区鲜明地域特征，并将深圳城市环境纳入多维度审视框架，构建将“双区”建筑学领域与多元学科前沿高度融合的学术高地，开放包容地挖掘青年学者建筑师的实践与讲演。

作为广东省省级研究生示范课程，“当代建筑前沿”已历经 2019–2020 年度到 2020–2021 年度两届，每届的选课人数包含全系专业学位硕士和学术学位硕士共计 90 余人。两年间，来自国内外知名高校以及业界的 40 余位高水平专家学者、实践建筑师，就历史理论与艺术哲学、城市更新与美丽乡村、数字建筑与未来城市等热题展开学术讲座和对谈，逐渐形成自己特有的高质量专题交流的机制，促进“一带一路”框架下的建筑文化传播交流与讨论，就不同语境下城市高密度环境模式与设计策略进行深入研讨、剖析和总结，为粤港澳大湾区建设及当下深圳城建相关部门提供切实的设计视角与理论基础。

范　悦
2021 年夏

目录

2021 年度课程概览

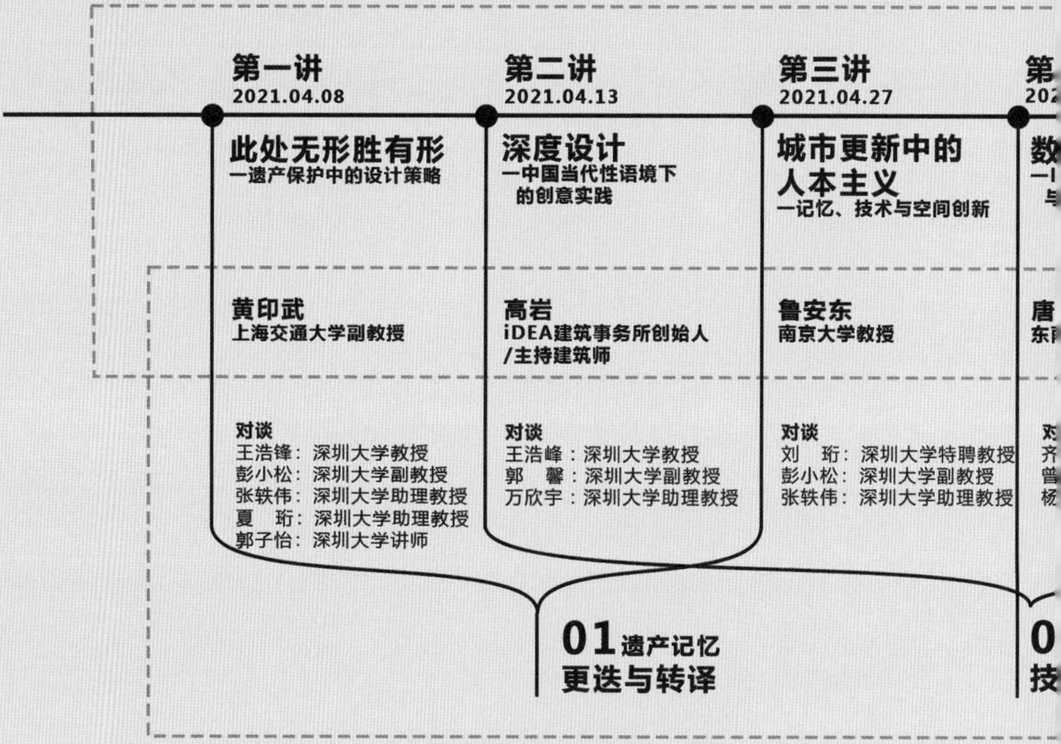

第一讲
2021.04.08

此处无形胜有形
—遗产保护中的设计策略

黄印武
上海交通大学副教授

对谈
王浩锋：深圳大学教授
彭小松：深圳大学副教授
张轶伟：深圳大学助理教授
夏　珩：深圳大学助理教授
郭子怡：深圳大学讲师

第二讲
2021.04.13

深度设计
—中国当代性语境下的创意实践

高岩
iDEA建筑事务所创始人/主持建筑师

对谈
王浩峰：深圳大学教授
郭　馨：深圳大学副教授
万欣宇：深圳大学助理教授

第三讲
2021.04.27

城市更新中的人本主义
—记忆、技术与空间创新

鲁安东
南京大学教授

对谈
刘　珩：深圳大学特聘教授
彭小松：深圳大学副教授
张轶伟：深圳大学助理教授

01 遗产记忆更迭与转译

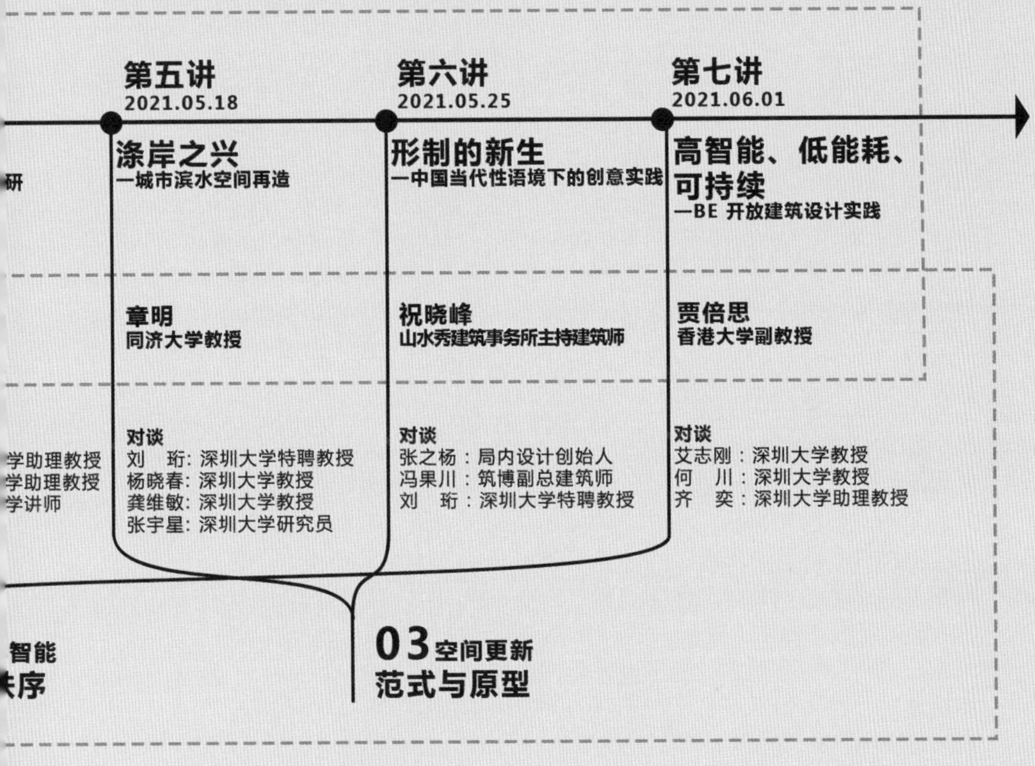

研

学助理教授
学助理教授
学讲师

智能
序

第五讲
2021.05.18

涤岸之兴
—城市滨水空间再造

章明
同济大学教授

对谈
刘　珩：深圳大学特聘教授
杨晓春：深圳大学教授
龚维敏：深圳大学教授
张宇星：深圳大学研究员

第六讲
2021.05.25

形制的新生
—中国当代性语境下的创意实践

祝晓峰
山水秀建筑事务所主持建筑师

对谈
张之杨：局内设计创始人
冯果川：筑博副总建筑师
刘　珩：深圳大学特聘教授

第七讲
2021.06.01

高智能、低能耗、可持续
—BE 开放建筑设计实践

贾倍思
香港大学副教授

对谈
艾志刚：深圳大学教授
何　川：深圳大学教授
齐　奕：深圳大学助理教授

03 **空间更新**
范式与原型

“当代建筑前沿”课程属于建筑学专业研究生培养大纲的主体必修课程，以专题系列的高端学术讲座为主体形式，以精心组织策划的讲座后的高峰对谈为核心特色。本课程每学期设立不超过**3个建筑学学术前沿专题**，突出地域性的湾区建设、学术性的专业领域、社会性的思想热点，每个专题**邀请2~3位国内外知名学者进行高端学术讲座**，并为每场讲座针对性策划**邀请3~4位大湾区地域范围的学者进行高峰对谈**，每学期共计30余位相关学者参与到课程当中。相关学者的邀请还特意关注前沿先锋的青年学者或实践建筑师，突出其背景专题性或地域性。

2021年度的“当代建筑前沿”课程设置有3个专题，**“遗产记忆”“数字智能”“空间更新”**，并分别针对专题邀请主讲学者，共计7位。其中，**“遗产记忆”**专题邀请上海交通大学副教授黄印武和南京大学教授鲁安东，分别就乡村和城市的遗产中技术构造和人文记忆的更迭与转译进行讲演；**“数字智能”**专题邀请iDEA建筑事务所创始人/主持建筑师高岩、东南大学副教授唐芃和香港大学副教授贾倍思，分别汇报研究性实践在计算性设计支持下所重构的技术与秩序；**“空间更新”**专题邀请同济大学教授章明和山水秀建筑事务所主持建筑师祝晓峰，分别分享在不同空间更新语境下其引领的范式与追溯的原型。

为将历时性的不同讲座聚焦思考和探索相应的学术专题，本课程以前置策划**“建筑学五问”**来组织每场讲座后的**高峰对谈**：

1. 该主题的思考语境为何？理论/设计层面的操作原理，

2021年度课程概览

在面对具体现实的研究对象时，如何评价其可行性、适用性、可靠性？

2. 该主题现实中所面临的核心问题与挑战是什么？如何突破现有自身瓶颈？

3. 该主题所涉及的学科及专业问题，其主旨与研究边界在哪里？

4. 该主题对建筑学科前沿所发挥的作用是什么？是否会引领建筑学科的创新性发展？

5. 该主题所采用的具体研究方法、设计工具的特殊性为何？如何通过建筑学教育体系而得以实施与贯彻？对教学法的影响何在？

2021年度课程结束后，将原本独立的对谈重构，重新编排解构本年度“遗产记忆”“数字智能”“空间更新”3个学术专题。由此，**学者们在同一专题下从不同维度，在不同语境下解读和回应相近议题，构建有趣的异时空对话。**

整个课程以启发式教学为主，以线下讲座线上直播的方式于每周四晚进行，共计7场，历时2个月，汇聚了当代建筑前沿的先进理论与实践，引导和培养研究生夯实思想、理论和知识，充分拓展学生的国际视野，强化其时代使命。

专题01
遗产记忆
更迭与转译
（原“美丽乡村”）

2021.04.08
第一讲
此处无形胜有形
——遗产保护中的设计策略
黄印武
上海交通大学副教授

2021.04.27
第三讲
城市更新中的
——记忆、技术与
鲁安东
南京大学教授

专题02
数字智能
技术与秩序
（原“数字建造”）

2021.04.13
第二讲
深度设计
——中国当代性语境下的创意实践
高岩
iDEA 建筑事务所创始人/主持建筑师

2021.05.11
第四讲
数字入侵
——Inst. AAA 教
唐芃
东南大学副教授

专题03
空间更新
范式与原型
（原“城市更新”）

2021.05.18
第五讲
滁岸之兴
——城市滨水空间
章明
同济大学教授

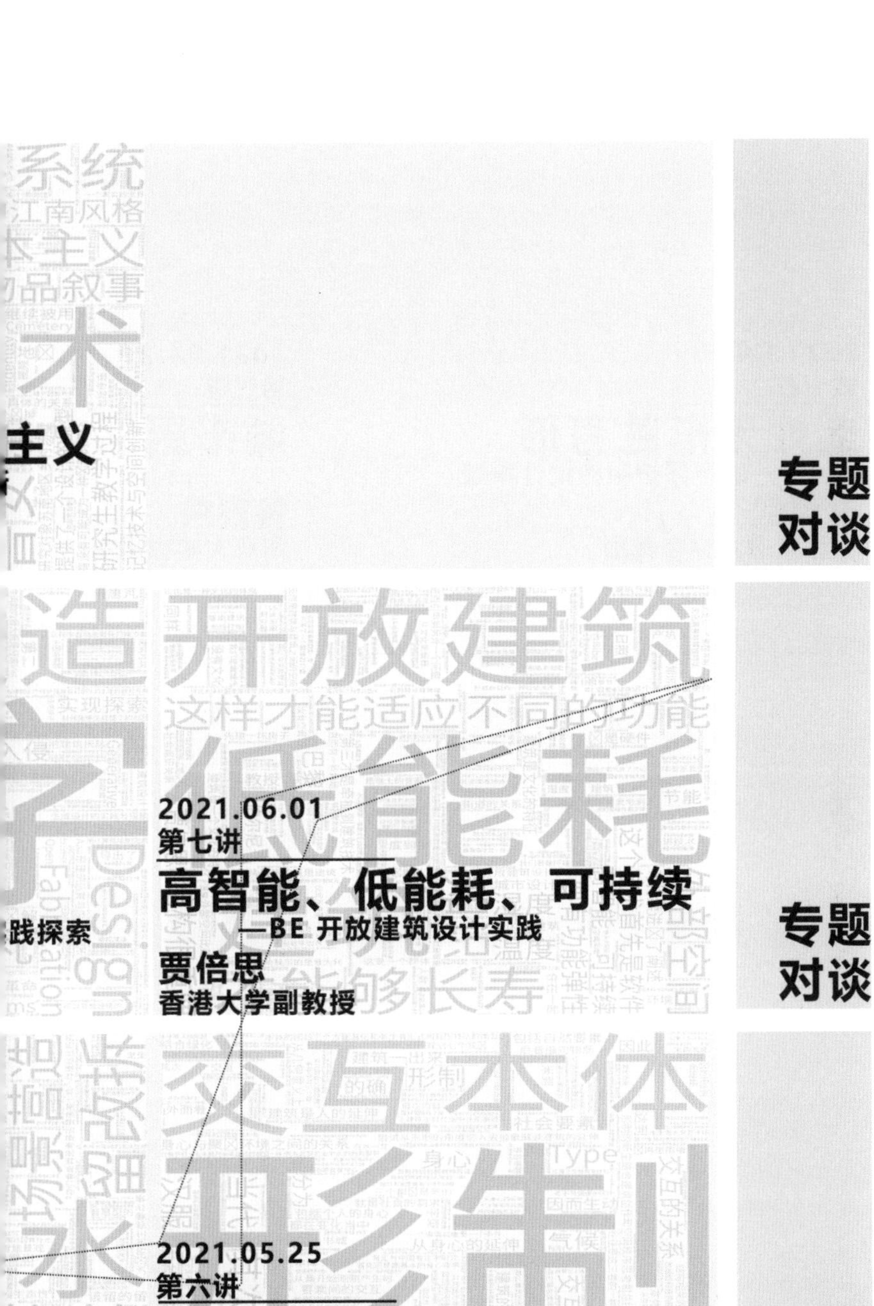

主义
专题
对谈
2021.06.01
第七讲
高智能、低能耗、可持续
—BE 开放建筑设计实践
贾倍思
香港大学副教授
专题
对谈
2021.05.25
第六讲
形制的新生
—中国当代性语境下的创意实践
祝晓峰
山水秀建筑事务所主持建筑师
专题
对谈

注：教学时专题分别为：美丽乡村、数字建造、城市更新；出版整理更新为：遗产记忆、数字智能、空间更新。

专题 01

专题01
遗产记忆

更迭与转译

（原“美丽乡村”）

2021.04.08
第一讲

此处无形胜有形
—遗产保护中的设计策略

黄印武
上海交通大学副教授

2021.04.27
第三讲

城市更新中的
—记忆、技术与

鲁安东
南京大学教授

专题02
数字智能

技术与秩序

2021.04.13
第二讲

深度设计
—中国当代性语境下的创意实践

高岩
iDEA 建筑事务所创始人/主持建筑师

2021.05.11
第四讲

数字入侵
—Inst. AAA 教

唐芃
东南大学副教授

专题03
空间更新

范式与原型

2021.05.18
第五讲

涤岸之兴
—城市滨水空间

章明
同济大学教授

主义

专题
对谈

2021.06.01
第七讲
高智能、低能耗、可持续
——BE 开放建筑设计实践
贾倍思
香港大学副教授

专题
对谈

2021.05.25
第六讲
形制的新生
——中国当代性语境下的创意实践
祝晓峰
山水秀建筑事务所主持建筑师

专题
对谈

专题 01

遗产记忆

更迭与转译

2021.04.08 | 论道 | 第一讲

此处无形胜有形—遗产保护中的设计策略

黄印武 副教授
上海交通大学
HUANG Yinwu, Associate Professor
Shanghai Jiao Tong University

知名建筑师，上海交通大学设计学院副教授，沙溪源乡村合作中心理事长。代表性作品有沙溪复兴工程、云南沙溪茶马古道文化体验中心、先锋沙溪白族书局、敦煌研究院榆林窟管理与生活用房、昆山市张浦镇尚明甸村村庄规划等。曾获建设部优秀勘察设计二等奖（2000 年）、教育部优秀勘察设计二等奖（2003 年）、联合国教科文组织亚太地区文化遗产保护卓越奖（2005 年）、世界纪念性建筑基金会杰出工程实施证书等。个人受邀在一席、建筑思想论坛上做演讲，参与中央电视台、一条个人访谈，设计作品被人民网、第一财经、有方、《纽约时报》《新周刊》等国内外媒体报道。

遇见沙溪—理解传统建造

沙溪地处中国西南部的横断山脉，处于历史上重要的茶马古道马帮行走路径上。今天的沙溪仍是典型的有大量梯田的农村环境，民居仍留存当地传统的建造方式。自古以来沙溪当地人擅长木工，使用的是简单的手工工具，建造方式很传统，并且建设的过程也是传统的互助式建设，全村的人都会来帮助一家人盖房子。这种帮忙并不只是因为人手不够，而是通过这种帮忙让全村人见证这家人完成了一件事，成为全村都参与的、认同的一个仪式。尽管房子简朴，称不上学院派里的技术化建筑，背后却赋予了人与家人一生里程碑式的意义（图 1、图 2）。

> **“黄印武于 2003 年遇见沙溪，**
> **也遇见乡村环境的遗产保护。”**

图 1　传统建造 1　© 黄印武

图 2　传统建造 2　© 黄印武

图 3　当地工艺 1　© 黄印武

图 4　当地工艺 2　© 黄印武

此处区分两个概念——“传统建造”和“建造传统”。传统建造，只是在建造这一短暂过程内快速发生，建造形式随着传统持续变化。而建造传统则是一种文化性的东西，能够持续一段时间，在相当长时间内是不变的。当我们在看待传统建筑与建筑遗产时，我们看到的其实是在以前建造传统下形成的建造结果，它跟如今的时代有距离，所以称之为遗产。在遗产保护的过程里，所有东西都在发展、变化，不能简单地认为遗产以前是什么，然后就僵化地回到以前的状态。

遇见沙溪 — 认识当地工艺

2003 年初到沙溪，对于当地的建造工艺知识储备不够。起初我们选取了一个完全衰败的民居作为试验，通过将一栋已然歪斜的房子拆开、扶正的修复，去了解本地的材料、技术、工艺和构造及其发展。

在修复房子的过程里，我们做了远远超出保护一个民居所需要做的尝试。我们使用的都是便宜材料制作的手工工具，并扩展对当地材料的认识，比如木板会开裂、形变，所有的材料会随时间变化而产生变化；我们发现在不同的时代不同的窑厂所生产的材料的尺寸也有区别，这些都是乡土建造、传统建造的特点（图 3、图 4）。

遗产保护是一种再设计

对整个建造的习惯做详细了解之后，再回到具体的遗产保护，我们学会了如何去做设计。之所以说遗产保护是一种再设计，是因为遗产已经存在，我们现在所要做的设计不是去替代它，而是去完善它。

魁阁带戏台。作为寺登街上最重要的一个建筑，我们在修缮过程中发现魁阁中心的四根柱子每根都是由两根柱子拼接而成，导致中间柱子在每一层的构架平面上发生了扭曲，而后整个结构发生了变形（图 5）。在 20 世纪 90 年代维修时，用了扁钢加螺栓拉固柱子，但柱子在继续发生形变，连接点、榫卯也已经破损，这种形变造成了结构上的风险。基于此，我们通过简单的处理方式，将原来的扁钢拆掉换成角钢，增加抗弯性能，并在角钢的外面包上一层木头，增加了柱子的截面，增大细长比。最后，从外表看，建筑没有发生太大的变化，但实际上它内部的结构已经改变，稳定性有大幅提升。这是一个简单的、常用的加固技术，也是一个非常典型的问题导向的例子——出现什么问题，就解决什么问题。

歪柱民屋。由于民屋柱子歪了，整个建筑已经发生了变形。以往类似这种情况一般是拆掉屋面，把房子扶正，就能一次性解决结构的问题。但难点在于，其中两间房的产权属于私人，所以无法拆除整个屋面。我们要面对的是在不动这两间房的情况下，解决结构安全问题。由于整个房子的屋架是一榀一榀的，我们原本采取的解决办法是在中间位置增加一架，作为一个支撑，和原本的屋架形成一个三角形的体

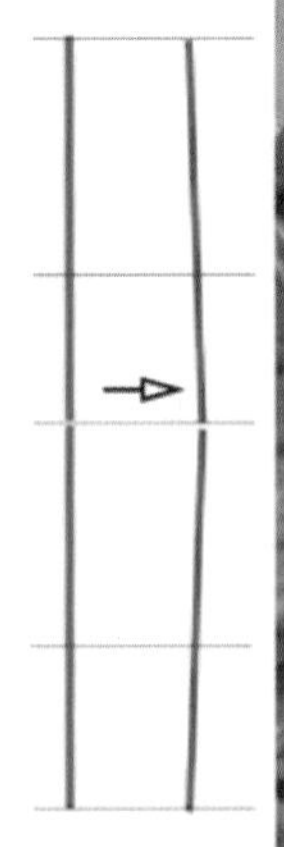

图 5　魁阁带戏台　© 黄印武

图 6　沙溪寨门　© 黄印武

系来保持房子的稳定。但是因为原本计划增加的屋架会暴露在外，我们不想让增加的屋架冒出来，便做了优化设计，从下面把柱子之间拉住，并在中间增加柱子，增加的结构从外面看不到，这种三角形的方式使得整个稳定性得到了加强。这个例子是我们针对特定的情况所采取的办法，是在这种不得已的情况下，在解决问题的同时，不对它本来的建造逻辑形成干扰。

沙溪寨门。沙溪的寨门上方预留了牌匾的位置（图 6），其上抹泥灰可以题字，但它没有，寨门上有四个孔洞，本是施工用来穿脚手架的，现在却被堵住，因此寨门更像是没有完成的状态。起初寨门右上角是被边上的房子所盖住，而后这座房子的山墙也发生了变形，当把山墙拆掉之后看见了另外一个柱础，发现这两个屋面其实是脱开的。这便不是设计问题，而是文化问题。只有真正理解它在文化上即传统建造和建造传统之间的关系，理解当时的传统，才能真正理解传统的建造，要透过传统去思考其本质。所以当我们在说遗产保护的时候，不仅要解决它现存的问题，还要思考、判断背后的文化逻辑，以支撑我们的设计。

兴教寺大门。当时兴教寺已经没有任何寺院大门的特征，并且由于南方气候原因和其他各种条件，木结构建筑不能很好维护，保存时间极其有限，南方的明代建筑非常少，所以这个明代建筑在沙溪是非常重要的建筑遗产。我们在修复的时候要反映它的重要性，大门也相应地要能反映寺庙的特征，大门正对着四方街，它作为环境群体一员，其重要性高于寺庙本身。不能因为大门修复过多而影响了整个空间的氛围，因此，我们采取的策略是维持了原有的大门平面（a、b、c、d），使得大门格局没有太大的变化，只在元素划分上做了调整（图 7）。像这样的案例，重点并不在于细节上的考究、深入，而是它怎么真正融入环境，跟环境氛围有一个更好的联系。针对寺院，要解决的基本问题是它的文化特征，修复完能让人觉得这是一个寺院大门的入口，更重要的是它在整个环境里能够保持原来的气象。

柱础。兴教寺里面的两个殿的柱础修复，分别是中间的二殿和后面的大殿。维修二殿的柱础时，我们采用了最常见的做法，用木头材料来墩接，但对于大殿的柱础，这个方法并不适用。因为在大殿的柱子上面有一圈明代的壁画，壁画本身和整体的木构架也有联系，我们处理时保持柱脚不动，因此对于大殿的柱础，我们通过增加小的角钢把它拉起来，形成一种咬合的榫卯关系（图 8）。大殿柱础在材料使用上之所以没有用到木材，是因为其墩接会影响到它更重要的壁画的价值。对于大殿和二殿的柱础，我们最后的目标是一样的，但通过一种变通的方式，给出了完全不同的解决方案。

错步楼梯。沙溪对楼梯有一口诀叫“七尺楼口不碰头”，也就是要在 2 米 1 的空间，解决 2 米 6 左右的高差，楼梯的坡度会很陡。如何在一个非常局促、狭小的空间里提供一个更安全、更舒适的楼梯？我们用了一种新的设计解决这个问题：一个错步楼梯，它的材料、技术等构造方式跟传统是一样的，只是改变了梯板的形式（图 9）。

低头设计。对于魁阁带戏台的二层，我们计划把整个二层空间全部打通，形成一个展览空间。但是在打通后每一间梁的高度非常有限，1 米 65 左右是一个很尴尬的尺寸，有碰头的危险。我们的解决方法比

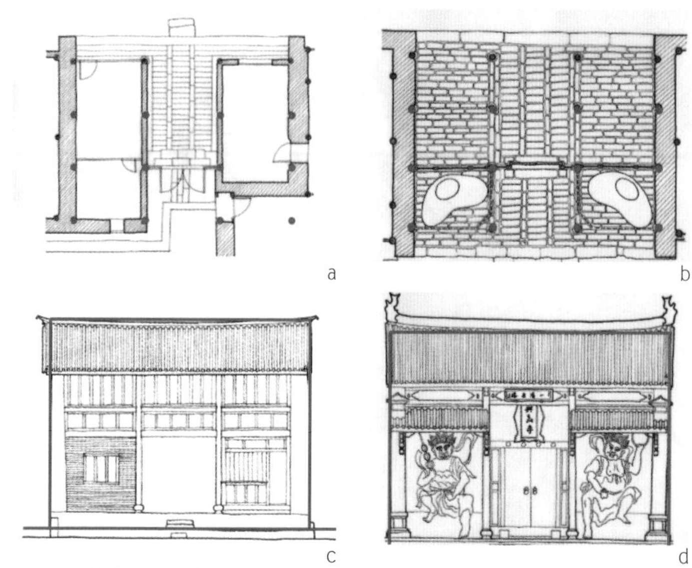

图 7　兴教寺大门　© 黄印武

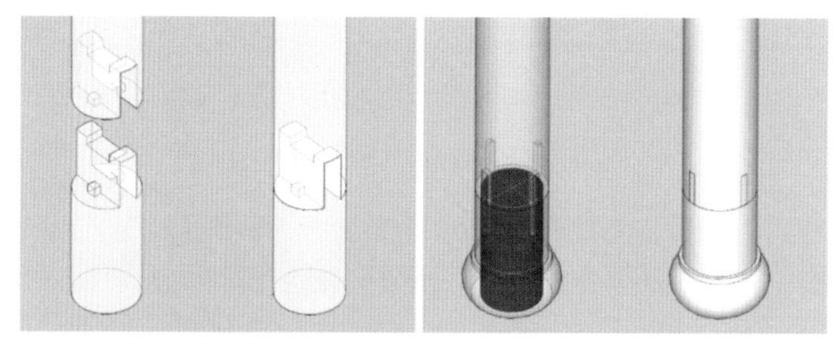

图 8　柱础　© 黄印武

图 9　错步楼梯　© 黄印武

较简单，在梁下面挂了一个小小的黑布条遮挡他的视线，便意识到前面高度的不足。我们并没有去处理建筑的高度，作为一个建筑遗产，我们要保持它原来的状态，但同时要解决功能问题和使用安全问题，故通过设计来改变人的行为。

设计的立场

从以上案例可以总结一场遗产保护当中三条设计的立场：态度与视角，认知与价值，方法与技巧。

态度与视角。为什么说遗产保护是一个设计立场的问题，这和我们如何看待遗产保护有关。今天我们谈遗产保护中的设计，要考虑的第一件事是态度和视角，你怎么看待遗产？站在谁的立场上来考虑问题？它无关你的能力，无关你的技巧。只有把态度放到一个合适的位置，从而起到决定性作用，你做的所有事情才是合适的。

认知与价值。比如之前提到的寨门的价值如何体现？寨门作为一个公共建筑，它永远比私有建筑重要，虽然它未完成，但它仍然属于公共等级，它高于民居。在认知层面，它依赖于我们自身的知识积累、对地方文化的了解和深入研究作为支撑，让我们能做出更准确的价值判断。

方法与技巧。遗产保护过程中会碰到许多非常规的问题，按照现在在学校里面学到的知识很难解决所有的问题，这时需要有足够的能力和灵活性来应对。建筑通常由功能、材料、文化这三部分来支撑，但当我们在讨论遗产的时候，这三部分随时间的变化是不同的。原本这三部分的比例是完整的、系统性的，随着时间的推移，这几个方向发生了不同的变化，因而整个系统产生了缺失。这时我们不能只看到什么问题，就只解决这单个问题，而要通过设计来解决系统问题，这也是遗产保护中最核心的一点。要构建建筑在这三个方面的平衡，建构让建筑重新成为符合当下使用要求的完整建筑系统。

作为本学期当代建筑前沿课程的第一讲，我们邀请到现任上海交通大学实践教席、长期扎根于云南沙溪历史建筑遗产保护的黄印武老师，讲述关于遗产保护中的设计策略问题。沙溪偏居云南大理，横断山脉的自然地理条件让这片历来属于白族聚居的坝子聚落，充满了历史印记和丰富的建筑遗产。如何（重新）了解当地历史脉络和认知当地文化，是后续保护工作的前提。传统的农业模式与民居之间的关系巧妙而隐秘，这些关系一直以来影响着当地传统乡土建造的演变与工法的表征。不论是土坯等在地材料的使用，还是穿斗架的木作工艺与工匠体系的分布，或者大师傅在木构架上安放主梁时的祈福仪式，以及乡民全体参与到建造过程、烧火做饭宴请众乡亲的生活场景，都提醒着当代建筑研究者要去理解并认同这样一种动态的在地“变化”，才能真正认识当地的工艺传统。

沙溪的古戏台和魁阁是当地较为出名的建筑，但如果我们把目光投射到工艺传统上，那么即便是科班出身的建筑学人也无法知晓沙溪街里巷外的民居，究竟是通过何种方式建造出来，并在何种情况下被改建和加建成现在这番模样的——正统书本中的建筑学知识体系下，沙溪地方建造体系将大概率变得不可知。所以当我们重新走入沙溪并陆续开展

2021.04.08 | 论道 | 第一讲

此处无形胜有形—遗产保护中的设计策略

编者按

建筑遗产保护时，与其说是复制旧有建筑的工法，倒不如说是一种基于传统认知的“再设计”，一种充分尊重传统建造模式但采用现代工法、以达到符合当下需要的生活状态的适度融合。这需要一种明确的问题导向的思维方式。

黄印武在讲解戏台魁阁的旧有结构时，用计算机模拟其旧有构架的受力状态。整修后的商铺从外观上看依然故我，稍微倾斜的立面状态背后是新的结构在支撑整体结构和消解受力问题，这种做法可以不影响旧有工艺体系的展现，同时还针对性地解决了实际问题。类似的情形也存在于兴教寺山门立柱的柱础、民居夯土与木构结合的大门、类似卡罗·斯卡帕（Carlo Scarpa）老宫博物馆的楼梯错位处理等。

态度与视角的选择，认知与价值的判断，方法与技巧的掌握，这些层面都要求建筑遗产工作者必须深入了解当地传统与文化，用现代方法全方位研究和展现传统工艺做法之后，结合实际情况并以问题为导向，最终保持其旧有整体风貌，才是履行在地保护的最朴素而实用的方式。黄印武为讲座参与者呈现出关于空间/功能、材料/技术、文化/文脉等三个方面在历史建筑遗产保护工作中的结合，这保证了沙溪古镇在当下遗产保护专业领域中占有着一席之地。

专题 01

遗产记忆

更迭与转译

2021.04.27 | 论道 | 第三讲

城市更新中的人本主义—记忆、技术与空间创新

鲁安东 教授
南京大学
LU Andong, Professor
Nanjing University

清华大学学士，剑桥大学硕士、博士。现任南京大学建筑与城市规划学院教授、博士生导师，南京大学人文社会科学高级研究院城市研究中心主任，南京大学可沟通城市实验室主任。曾任英国剑桥大学沃夫森学院院士、德国德绍建筑研究所客座教授、澳大利亚昆士兰大学访问教授、美国宾州州立大学亨利·鲁斯基金访问教授。担任国际建筑师协会（UIA）公共空间改造工作组中国首席代表、中国建筑学会城市设计分会理事、中国建筑学会建筑评论委员会理事、中国建筑学会建筑传媒学术委员会委员、江苏省土木建筑学会城市设计专业委员会委员、南京历史文化名城专家委员会委员。担任 Architectural Design 客座主编、JAABE 编委、《建筑师》编委。曾应邀在剑桥大学、牛津大学、哈佛大学、华美人文学会、英国皇家建筑师学会、美国汉庭顿图书馆等做特邀讲座。

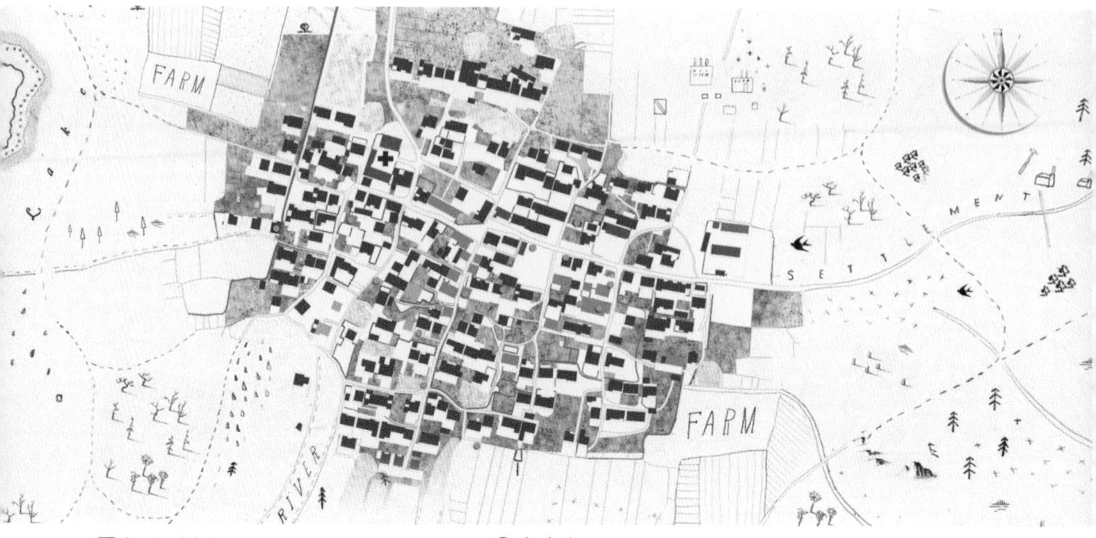

图 1　Archiving, Networking and Mapping　© 鲁安东

“鲁安东在实践项目中结合研究生教学过程中把教学理论的探索和实践结合在一起，不只是介绍实践工作，同时讨论到机制的部分。”

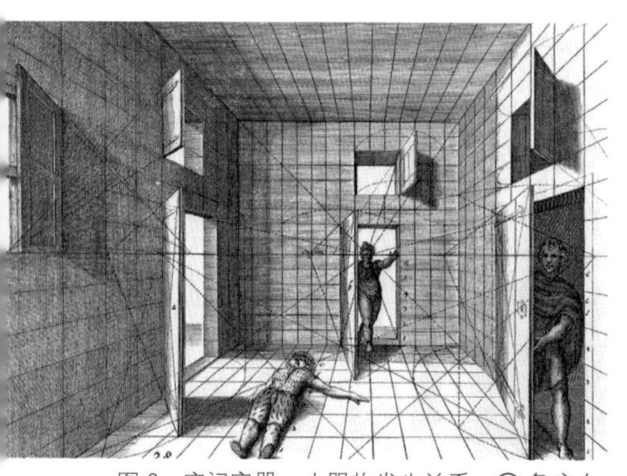

图 2　空间容器：人跟物发生关系　© 鲁安东

物品构成的叙事系统

在我们的教学过程中，一个名为“稍纵即逝”(Ephemera)的乡村的更新问题研究，为我们后期许多实践提供了设计的原型。研究对象是苏南地区乡村汤墅，一个普通的江南风格村落。

村子的木工工艺精湛，产生了很有趣的木头工具。在这里，我们发现一个巨大的木头机器模型，据村民说是宝马汽车轴承的金属倒模。在发现这些物品的过程中，启发我们思考除了建筑，物品是否可能成为一种更新的媒介？跟建筑相比，物品的用途是短暂的，有自己的“人生”。通过村子的真实物品去建构一个网络，得到一个真实的乡村历史，其身份（identity）可以形成一个由物品构成的叙事系统。

我们开始寻找村子里带有加工或者是制作成分的物品去进行转译。首先是把东西看作蜉蝣（ephemera），思考的起点就是把原本抽象的物品（object）看成一个带有自己生命轨迹的物品，随后的设计工作是为每个物品寻找它被安放的方式。我们希望物品在保持日常使用、还没有被处理掉之前，去干预它被放置的方式，让它继续被使用，呈现出一种刻意被人看见的状态。

第二步是建立物品之间内容上的关联，其本质是建立一个物品的图书馆、档案库，通过建立关系网络，把每个物品落到空间中去，构成一个物品的 Mapping。一旦不用它，物品会死亡，会被处理掉。

村里可以建立博物馆，本质上是物品的墓地（cemetery），被遗弃或不再使用的物品遗体就会放在博物馆里展示。物品曾经有过很具体的主人、具体的关系与具体的地点，博物馆通过物品形成对整个村子的索引系统，由此产生有趣的新关系，由一个点去检索各个物品以及物品自身所带有的各种各样的社会关系、物质生产关系和人际关系的网络（图 1）。

物品像触媒一样展开人与人之间的故事，成为人际关系的见证或证明，带有了记忆和情感。一个世界的真实在于这个世界里的物品，人并不是直接跟建筑、房间产生关系，而是直接跟日常物品产生关系（图 2）。物品中承载了许多个人的记忆、情感、社会关系，这些物品实际上也构成了人和人之间联系的介质，人通过跟事物发生关系，进而跟空间发生关系。因为物品自带功能可见性（affordance），自动诱发身体跟它的关系，同时附带大量的情感记忆故事，而且可以被反复书写，而数字技术可以帮物品完成它跟内容的对接，通过身体的接触和数字化的内容的加强，形成一个新的图解（diagram）。建筑师可以设计如何去干预、激活人跟空间的关系。

以产业为抓手的自然要素的循环

沙沟村，地处古代的国家动脉京杭大运河沿岸，宋代以来都很发达。运河文化使其直到 20 世纪中期都是一个以水为主的沼泽地片区。在研究中我们先建立了一个约 10 万个村子的数据库，然后通过建模（modeling）分析它水系交通和陆地交通的变化问题。为了找到一个可持续的系统进行更新，我们认为必须回到对历史、地理、自然要素、人的空间实践的仔细研究。

通过人类学的调研观察，大量的口述访谈，基于地方志调研每个家族在历史上的空间范围，复原他们历史上有过的所有公共设施，包括寺庙、祠堂等，反推出从唐代至今的街巷生长的过程，得到了一个空间和文化的关系。乡村的特点在于所有的事情是一个系统，它并不只是一个物质和文化的二元关系。我们以产业为抓手研究这个地方人的生存模式，为了维持产业所需要的工具、资源和人，比如“渔”这个行业，需要金属加工，需要铁，所以在这样一个相对偏僻的镇子在清朝时竟有 500 多个铁匠。此外，鱼要卖到上海去，必须有“制冰”这个行业。在古代煮盐需要燃料，芦苇就构成了生产盐的必要的燃料，镇子里有芦苇，村民

图 3　南京长江大桥记忆计划　© 鲁安东

则通过操纵芦苇的价格去影响中国的盐价，所以镇子在古代非常富有。

通过自然要素形成关系网络，从最基本的自然资源的循环，加工、物品、社会组织、建筑的支撑，最后到文化和精神层面的实现，靠的是自然要素的循环。基于这样的理解，在自然资源和人的劳动之间生成出来的复杂网络中，才能找到可持续的、看似不相关要素之间的深层循环关系。

若不通过深入的研究，也没有进入空间实践的网络，而把建筑和文化二元化，接下来的设计也是没有用的。因此我们的研究需要基于从自然循环，到建筑的循环和文化的循环，再扩展到更大的范围，去观察其在整个区域里面如何实现稳态的、可持续的、人地共存的生态系统。我们选择了其中一片农业区域——垛田，对它的形态和数据做了严格的研究。垛田是农民用竹竿把泥巴泼上去形成的，所以垛田的宽度刚好是臂力的挥动范围的两倍，而垛田跟村子的距离与划船消耗的能量有关，使得劳动工具和土地的形态都是一个系统。之后我们得到了一个算法，用人的身体劳动来计算卡路里的空间分配，得到地区的形态的能量算法，能够用人工智能来识别年份。

这是形态识别的数学公式，公式的核心是人的劳动。过去对于村子的研究过于简单，认为建筑操纵物质形态，然后物质形态产生文化，是物质和文化的二元关系。如今我们提出新的系统——人类基于自然要素的循环形成产业，它对外的表征以及作为社会关系的固化形成了文化。所以文化的本质是地区的一种常识（common knowledge），是一种共识，这种共识是帮助这个地方的人去共同生活使用的。网络中人的劳动是最重要的部分，人跟自然形成稳定的关系，能够在古代保持平衡。

对于分析村镇甚至城市的结构网络，调整任何一个点都会影响整个网络，所以设计是要去更新整个系统，为它建立一个新的稳态，它才能够可持续地发展，并且尽量回避原来简单的物质形态和文化的二元结构。

媒介：调动记忆和人的信息和接口

南京长江大桥一直到20世纪80年代初都是中国最重要的地标建筑之一，某种意义上是一个国家象征，所以南京长江大桥记忆计划，不能简单地当成一个正常的建筑物来理解（图3）。

与大桥发生关系的人的数量是以亿为单位的，很多人以很奇怪的方式跟它产生关系。典型例子是在当时大家来参观想跟大桥拍照，但没有条件，所以他们会在家乡照相馆的墙上画上大桥，与画合影。桥对于当时的人们来说有不一样的意义，它不只是一个国家象征，更是一种对于自己的身份的暗示。

图 4　伦敦设计双年展　© 鲁安东

大家不跟真的桥合影，而去照相馆跟假的桥拍照，是因为作为背景的桥就像建筑的表现图一样，是一个特别理想但其实看不见的角度。而人在桥上是拍不到这个角度的，但这个角度特别重要，是一个被媒体广泛传播的角度，是正确的打开方式，是大桥最重要、最可识别的角度。所以从影响力来说，其实是被传播的桥比实体的桥更重要。

大桥的形象在日常生活中被广泛传播，所以他们采用的角度就构成了这座桥被大众所认知的角度。社会大众和这座桥的连接与媒介实际上是图像，因为这个图像经大众传媒宣传后产生了极大的影响。

对于桥的记忆并不直接而是通过代表（representation）——一个再现的图像来进行。所以南京长江大桥是一个被大众传媒广泛而深刻传播的建筑。受到传播媒介逻辑的影响，我们多数情况下通过非物质的媒介间接地跟一个建筑产生关系，即传播学的逻辑决定了对建筑的认知。

所以从 20 世纪中开始，建筑已经深刻地受到媒介的影响，媒介一方面挑战了建筑的物质性，另一方面我们也看到了它极大地扩散并放大了一个建筑去产生社会影响的机会，使得它可以跟更多的人产生情感和日常的联系。

当时很多人结婚的时候将长江大桥图案印在床单上，长江大桥成为人类历史上传播范围最大的一个建筑符号。当时中国的特殊情况使得我们可以被传播的政治视觉符号很少，只有长江大桥可以被随便使用，所以它跟特别多的人有情感的关系，而因媒介使得这种关系更加复杂，一方面这座桥是一种巨大的国家记忆，另一方面它也是构成日常生活的一个记忆。它的日常性成了人和人之间的一种情感的媒介，这让我们得到了一个日常的图景。

我们仔细地收集、分析、研究人跟大桥的记忆的关系。先是建立一个记忆数据库进行全国范围的访谈采集，然后就是找到接口，当代的人怎么去跟抽象建筑找到接口，接口是有类型的，正因为接口可以被细分，所以是具体的。展览中我们选了 480 个物品，它们之间有不同的叙事线索，我们做了一个装置，给每个物品赋予二维码，可以调出相应的记忆、视频、音频或者图像、文字，同时物品之间会有故事线，比如说某个人的人生，比如大桥的各种视角或者地理位置……任何一个物品都不止一条故事线，所以参观者可以在物品的世界中漫游。我们复原了几个当时的工人的房间，房间里的东西都是由带有大桥图案的物品构成的，同时我们设置了洞口可以往里窥视。

一般我们认为建筑是一个“物”，但 20 世纪已经很难说真正的桥和大家心中由媒体支撑并被记忆和叙事所凝结出来的“桥”究竟哪个更重要、更需要被保护和设计。所以我们转向当代的场所营造中，设计去调动记忆和人的信息和接口，然后把它们跟物建立起新的联系，进而塑造一个当代场所。我们今天的建筑已经不只是能关照人的身体

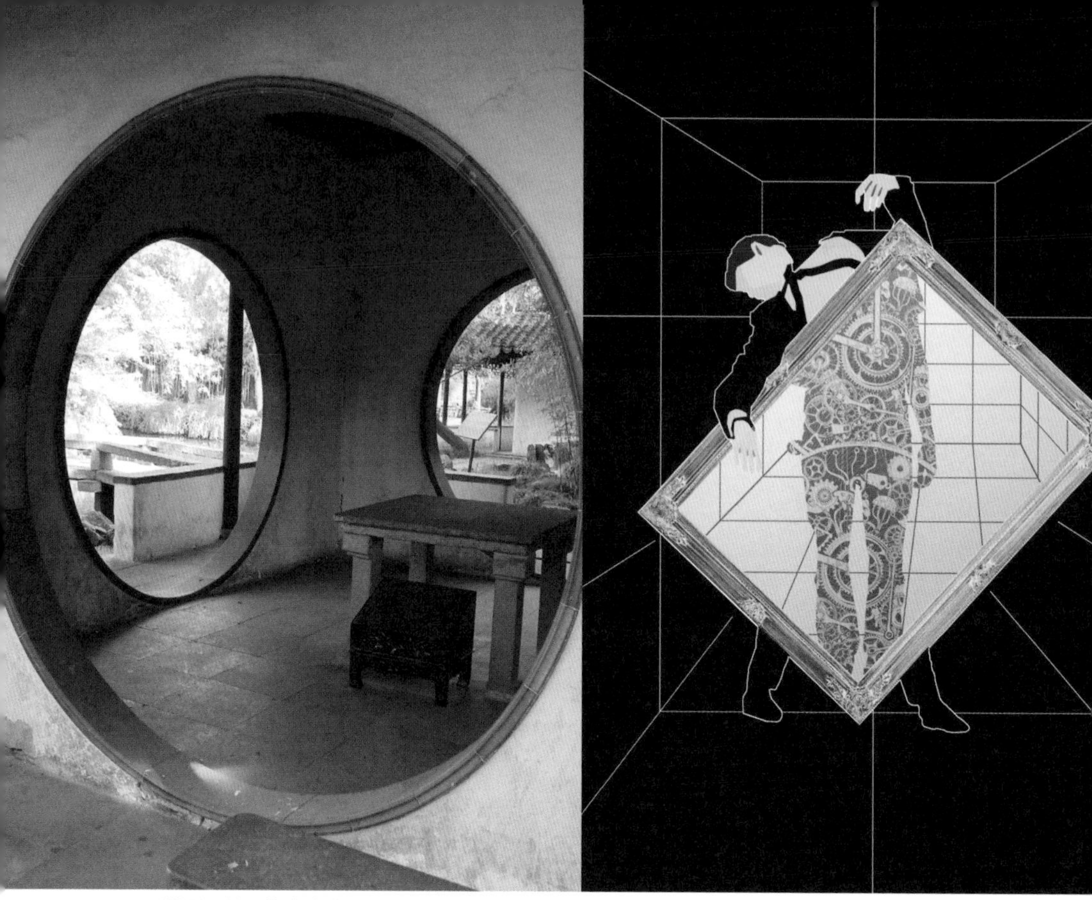

图 5　增强场所　© 鲁安东

和人的心灵，我们的身体和情感记忆主体，都应该同时得到关照（图 4）。

增强场所：以技术建立新的空间关系

我们在上海展览镜中栖居，讨论在当代技术条件下什么是空间。

在文艺复兴时期，出现了基于理想的数学和几何的空间意识，而这种几何学是带有神性，是人和神所共同具有的。比如柱式的几何比例跟男性和女性有关，是构成人与理想神性关联的一个媒介，背后有宗教的支撑。柱头不是一个物品，而是一个 Universal Man，是一种人与世界、人与神所共同具备的同一性。基于这样的建筑秩序，启蒙运动之后，我们试图去建构一个“标准人”，符合多数人的一套规则，行为学、人体尺度、功能等都是基于标准人的规则。理论上它是适合所有人的，但不适合任何一个具体的人，因为它是一个基于适应多数的标准值，而目前整个现代建筑正是基于这个标准人的。

当代另一个很重要的变化是数字技术的引入，使我们可能针对某个具体的人，而不是针对标准人。技术促使个人去外发出需求和指令，并寻求建筑反馈的外延，所以拓展和延伸了人与世界交换的一种可能性。以往建筑是不太能回应个体的，但随着物联网技术的发展，使建筑可以去回应个体，从一个面对标准人的建筑，走向一个精准面对个体的建筑。同时因为面对个体，我们才有可能指向他的精神、情感和记忆世界。

关于增强场所的概念，我们认为如果技术可以建立新的空间关系，将两个不在同一地点的房间通过实时直播而连接在一起，虽然身体过不去，但是可以把对面空间作为信息来源，实时互动，让不在同一地点的两个空间发生关系，也可以让不在同一个时间点上的两个空间发生关系，那么技术就有可能支撑全新的空间关系。

技术使得我们在今天面对的是比现代主义更多的空间关系和全新的空间类型。建筑面临着全新的设计挑战，如不在一起的几个空间如何作为一个整体被体验和设计，这样的问题都是之前不存在的，它是依据技术提出来的新问题。

人与环境之间的复合关系一直都在，在中国园林中就会知道物质空间和它的名字或者诗词对联是共同作用的，物质空间提供了现场状况，而文字匾额对联是精神上的指引和提示，它们共同完成了现场的体验。

之前我们把物质和文字分开来看，但换一个角度，中国园林其实就是一个古代版的多媒体。建筑抑或文字，不同的媒介共同合成一个类似现代装置艺术的现场，帮人完成一个共同空间的个体跟空间之间的完整关系。今天建筑面对更多可以被纳入的媒介，共同完成一个以人为中心和内核的世界的塑造，所以增强的场所，必须是以人为核心（图5）。

我们认为应该把建筑视作一个更广义的技术部分，建筑师是人与世界之间的一个介质的系统，而不是指技术是建筑的一部分，因此建筑是人的存在技术的一部分。在新的技术中介系统里，建筑是其中之一，建筑、文字、数字技术、物联网之间并没有高下之分，应该共同被整合为一个新的以人为中心的技术体系，建筑是作为一种合成中介的技术要素。所以我们应该积极地去把人和其他的技术系统进行整合，这个整合放大了人的人性、能力、表达和需求，是增强了人与世界的关系，让我们和世界找到更多的锚点。

今天的技术使我们有了更多的空间创新的机会，如果我们放弃这个空间，作为一个已建成空间形制，便会不可转移。如果超越时间的实体去理解，就会发现今天的技术释放出了无数种数不清的新的空间联系，而新的空间联系提高了人在这个世界的存在性。未来，建筑把可达的部分和不可达的部分通过数字系统联系起来，通过文化作为线下接口，接入一个更加丰富的线上世界，这个线上世界是一个释放出来更多的文化内容的世界。但是所有的模型都是基于以上所说基本假设，即我们真正的空间创新需要基于对人和技术之间关系的重构。

城市更新是当代社会的一个普遍问题。研究生学习过程中，不仅需要了解诸多城市更新的现象和难点，而且要主动探询其机制并明确解决方法。南京大学建筑与城市规划学院鲁安东教授的讲座引述了很多建筑系研究生直接参与的系列项目，以论证人文主义在当代实践中的价值和应用前景。

“稍纵即逝”（Ephemera）项目的研究对象是苏南地区的湖边乡村聚落。日常生活场景之中，无法直接提取出“江南风格”的典型特征，而如何构建具体的资源特征就成为提升乡村环境的出发点。近年来，这个村落为BMW公司制作金属倒模的基础工具，其用品的物质性需要被挖掘出来，去建构一个潜在的物品网络，从而得到一个乡村的真实身份认知，形成带有具体内容的个人记忆与情感的集合。使用者通过物品联系了空间与记忆，在数字技术与身体的体系中，链接起身体与内容的对接。这种方法是鲁安东教授早年在英国开展二手物品市场网络的体系研究的延伸，增强了物品与使用者之间的有机联系。

鲁安东教授近年来全力推动的宏伟的“南京长江大桥记

2021.04.27 | 论道 | 第三讲

城市更新中的人本主义—记忆、技术与空间创新

编者按

忆计划”，围绕着新中国成立后数十年间最为重要和富于个人历史记忆的大型公共建筑，大规模收集整理日常生活中社会大众与这座建筑之间构建个人认知关系的各种素材，这是大众媒介研究所关注的题材，也是现代印刷品影响到社会整体与建筑物认知的方式和后果。对研究对象的物质性与交流性的关注，让鲁安东教授不断地在各种类型的展览工作中，去尝试对包括时间、地理、主题、传记与互动等要素在内的不同的叙事线索和装置表征方式进行挖掘。设计类型的思考被纳入记忆、纪念物与场所中，引发相关社会参与现象的研究。在研究生设计教学中，对于设计类型开展专题性的讨论，学生分配到各种类型的专题，分别用名称定义、案例选取和拓扑类型等标准进行设定，而相互之间形成针对场所理解的“周期表”。

整体上看，鲁安东构建出一套关乎文化、产业、人居环境与生活的四重体系，而作为主体使用者的人在这个体系中处于核心位置。建筑应当被视为广义技术的一部分，在多重介质所组成的系统中，人亦应当成为广义技术体系的核心，从而获得空间创新的原动力。

专题 01

遗产记忆

更迭与转译

对话 01 | 专题对谈

当代建筑前沿 2021 春季学期系列讲座 | 第一讲

2021.04.08

此时无形胜有形
—遗产保护中的设计策略

乡村其实是一个经验问题，如何把它转化到科学体系，随着国家政策中乡村的转型，通过国家意志实现乡村振兴战略的实施体系提供了一定可能性。学生如果贸然带着城市思维到乡村做事是十分困难的。学生能够到乡村去亲身参与建设，跟村民交往，则会意识到城市和乡村是两个体系，并通过学习传统建造方式，真正认识到材料、建造、工匠体系。

——黄印武

对谈嘉宾

王浩锋：深圳大学教授
彭小松：深圳大学副教授
张轶伟：深圳大学助理教授
夏　珩：深圳大学助理教授
郭子怡：深圳大学讲师

当代建筑前沿 2021 春季学期系列讲座 | 第三讲

2021.04.27

城市更新中的人本主义
—记忆、技术与空间创新

从理论到观念再到技术的整体的变化，若建筑能够回应个体需求，定会比原有静态建筑更受欢迎。数字技术最终会进入人居环境，所以，如何有意识地将数字技术纳入，利用物联网技术增强建筑的纪念性，完成恰当的文化表达，让在场者感到身心愉悦，这是建筑设计的责任。

——鲁安东

对谈嘉宾

刘　珩：深圳大学特聘教授
彭小松：深圳大学副教授
张轶伟：深圳大学助理教授

记忆与遗产的空间转译

此时无形胜有形——黄印武

在建造之前当地居民已经自发做了一些设计，我们如何兼顾居民的需求与设计师的愿景?

这是一个设计的问题。首先要去了解建筑最初建造的情况，因为建造之初是按照当时的生活方式建造的，是合理的。但如今生活方式改变，因此我们可以对建筑进行分析，甚至做模拟，从而推导出改造中最合理的尺寸变动和位置关系变化。民居不是一个文化遗产，因此我认为对其外观进行改造是没有问题的，因为这实际上是在实现一个转化——如何从古代的生活产品转化到现今生活方式的承载容器。

城市更新中的人本主义——鲁安东

人文主义、技术和空间创新三者结合——把人文记忆和空间通过某种交互形式相连接，最后呈现空间上的创新展示，并通过大量的记录工作形成完整的数据库，基于数据库再去做空间的转译和交互。深大二年级专业课程“城中村记忆档案库”是通过保存城中村记忆，再反馈于建筑。在教学实践过程中发现其难度在于如何将记忆进行空间实体的转译，即空间理论未来如何引导学生将记忆转化为空间的设计。

建筑师其实对于社会文化心理的理解并不深刻，但建筑师擅长将记忆在物质空间中进行转化，比如场景和空间的结构性关系及人与空间使用上的关系。举一个例子，村庄中的一棵大榕树在整个村庄的记忆塑造中，本质上是 anchor point—— 一个参照点，因此树跟村庄记忆之间的关系是基础设施和上层的关系，设计应当是维系、加强这种联系进而诱发新关系的产生。建筑师恰当地干预记忆的方式，是基于对记忆和支撑记忆的空间物质的认识。当然，相应的训练和分析的引导可以帮助识别核心媒介。同时，建筑师要通过对社会文化的理解去帮助建立空间认知，以此进行要点判断，明晰设计的干预路径。最终，核心还是对于空间的分析，产出的不是解读，而是对于作用关系的认识以及设计判断。

新时代信息传播下的建筑学的困境与机遇

年轻人返乡是因为经济的吸引还是文化的认同？文旅经营模式使得村民生活方式改变，那么传统的延续具体体现在哪些方面？如何区分真正的传统文化延续和仅把古镇建筑遗产作为噱头去做商业的资产呢？

不可否认所有的年轻人都向往更好更多样化的世界，所以在今天城乡差距仍然很大的条件下，乡村的年轻人一定会往外走。但是年轻人代表乡村的未来，青年返乡才是乡村未来发展的根本。首先是如果乡建创造了好的环境条件，使其能够在乡村更好地发展，就会产生更多青年返乡的机会。其次是传统历史的变化，传统是一种共识，是传承，源于当地人长期的经验积累形成当地的文化传承。最后是社区培养，只有社区不断发展下去，才是真正的延续。

此时无形胜有形——黄印武

首先，在新时代信息传播的背景下，思考未来建筑学的发展以及新的可能性，我认为建筑产业相对于现代技术的滞后必然带来对建筑学教育的质疑。而从人类学的角度去整合地理地貌、原材料和人类生产生活，建构最初的场所精神，这种源于出发点的系统性是最初建筑学基于物质空间创作的基本体系。

其次，基于传播的城市记忆反映了一种分裂的空间观，实际上是建筑创作的反面教材。一方面，互联网时代展现的建筑空间并不完全真实，会误导学生以为能传播的建筑即好的作品，忽略了背景思考。这也反映了当下建筑的复杂性，因此我们开始担心传播的建筑创作是否会动摇建筑的基础。但另一方面，互联网时代又让我看到了建立新空间。

城市更新中的人本主义——鲁安东

肖靖　黄印武　鲁安东　刘珩　彭小松　同学

系统论的可能，其中包含了物质空间和虚拟空间——在服务于人的核心问题上，虚拟空间也存在功能意义。新系统一旦建立会慢慢引发产业革命，接着便开启一番基于经典的生产或人类学系统论的城市更新。目前产业还是实体空间的更新，技术还没有上升到新的生产，即不是基于实体物而是虚拟想象记忆的再生产。

最后，园林中化整为零的方法类似于互联网化的思考——将所有空间分裂成几十个，然后重组和置换，用不同方式进行繁殖，这就是互联网时代的可能性。至于如何将互联网融入建筑实践中，那就是要在虚拟和真实之间共同构成体验感。我认为建筑本质是一种体验，不管有没有功能和实体。我唯一质疑的是基于传播的建筑理解，将建筑的创作基于传播还是功能，当然，这里面也存在鄙视链。

理论对于建筑学作用发生在前端，理论是用来提出猜想的，带来探索的可能性，好的理论蕴含无限的创造力。比如凯文·林奇的 *The Image of the City* 中的二十几个样本，本质上带来了无限可能性的猜想。

关于传播逻辑，建筑必然有抵抗传播的部分。传播有巨大的力量，可以将信息传达给更多的人，建立更广泛的关联，让个体从中得到对于被传播的对象更为深刻和有价值的认知。一个真正具有人文价值的建筑作品会让人们对于生命的存在和意义以及社会价值有更深刻的理解。连接只是一个过程，其后需要进行的是对于人文和数据库进行深层的文化分析。建筑学自身无法完成，因为建筑师没有时间和团队在内容层面进行深入的挖掘，这对建筑学科是个挑战，因此未来多学科的深度研究可能成为设计的必要环节。

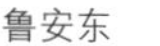

鲁安东　肖靖　刘珩

技术更迭中的变与不变

鲁老师分析乡村农田的生产操作，用隐藏在表象的空间线索，然后重构一套衡量田垄的算法，转化成空间算法去识别，进行机理演变的推算，用设计理清和呈现社会关系。要重构关于城市和乡村的认知，包括记忆、产业、生活的状态等，往往借助的工具相对传统，那么在数字技术的辅助下，应该如何评价它的可行性、适用性和可靠性？

从理论到观念再到技术的整体变化，若建筑能够回应个体需求，一定会比原有静态建筑更受欢迎。数字技术最终会进入人居环境，所以，有意识地将数字技术纳入建筑并利用物联网技术增强建筑的纪念性，完成恰当的文化表达，让在场者感到身心愉悦，这是建筑设计的责任。

现在缺乏的是如何驾驭技术的设计理论。由于现今理论的相对滞后，建筑师被现有的理论和方法蒙蔽了，下意识地回避甚至逃避技术的发展。所以，我希望通过实践来反推理论和更新理论系统，一旦设计实践落后于技术，既是对设计实践的伤害，也会给缺乏理论指导的技术带来危机。

技术和建筑的关系反映在城市更新模式中应该称之为城市创新，在这个框架体系内，建筑师应当重新思考人与技术的关系该如何被重构。

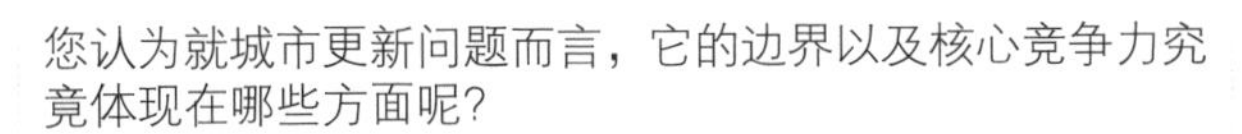

您认为就城市更新问题而言，它的边界以及核心竞争力究竟体现在哪些方面呢？

现实中城市更新更多是从土地产权的意愿着手，但我今天更想探讨的是当代城市技术条件下建筑学该做什么，以及高校可以做什么。城市更新是工程性的，但在学术范围内的讨论更多是面向未来的语境，而非具体办法。当前核心问题和学科危机在于，空间在广泛社会技术语境下的失效。因此，建筑学的重建必须基于空间这一工具性概念，从而发挥在整个社会中的有效性。技术不只参与制造建筑，如数字化建造，更重要的是如何为建筑学的核心工具带来新的可能性。若研究能够让空间的概念重新建立在社会中的权威性和有效性，那么建筑行业可重新扮演技术和空间的中间角色。建筑学的力量在于整合，整合知识和对接问题，是以人为中心的对接，对接到个人的framework。我提到达·芬奇和启蒙运动，是想让人重新回到技术世界的中心，成为增强空间的主人，让建筑学重新掌握空间工具的有效性，这是我的一种理论假设。

乡村建设和遗产保护越来越成为对我们当下生活有积极影响的事情。作为建筑师是否能在此寻求突破？乡村实践在哪些方面发生了明显改变？乡村快速发展的机遇在什么地方？

第一个改变是村民生活水平的整体提高。生活条件的改善是这个项目的初衷，所以在建设初期将村子的基础设施全部进行了完善。

第二个是遗传保护带来的变化。建设初期村民并不理解保护的行为，他们认为城市化的建筑才是更好的现代文明，已经破旧和弃用的老房子为何需要花钱做建筑修复？后期游客到来，对这些传统建筑进行参观、住宿，让村民感受到传统的东西是有其内涵和价值的，因此不再觉得传统是落后或不合时宜的。今天仍有村民在建传统的土木建筑，是本土文化给了其信心，这是一种文化自信的表现。

第三是大量社会关注使沙溪有了更多的机会。去外面闯荡的年轻人开始重返沙溪，让我们看到沙溪未来的希望，只有年轻人在，乡村未来发展才会有动力和新的可能。

沙溪的变化是有了更多的游客，但在变化中也看到不变。当真正认识到遗产和传统的价值时，会形成一种思维——建造传统和传统建造在文化层面是不一样的概念，只有在建造的传统下谈传统建造，才能更好把握、认知和判断。

建筑师要利用建造的传统去使用传统建造的方法。深大的教学实践是希望带学生去学习建造的智慧，去感受材料。

新旧更迭中建筑师的角色定位

建筑师参与乡村建设时立场设定或角色是什么？其社会责任及设计层面的转变，是否会因乡建特殊的话题而产生特殊的意义和价值？

建筑师不只在做遗产保护，也在尝试寻找传统技术，寻找文明发展的一条路。同时建筑师不只是建筑师，还是观察者和记录者。建筑师不只是在盖房子、做设计，修复也是我们建筑师的职责。

资产和商业的引入导致沙溪整个村落价值观的改变，原居民的迁出，新的人进来，已经背离了原始的初衷。所谓的乡村建设是一个关乎社会发展的工作，在当下价值观转变的情况下，您的立场是什么？

初入沙溪的目标是可持续的山村发展尝试。遗产保护只是其中一个抓手，即最初的启动点，最终目标是如何利用乡村本身的文化资源来实现其可持续发展。项目之初，通过改变人对文化的认知，通过建筑保护让乡村原有的价值再呈现从而提高关注度。游客的到来提供了收入机会，当地人就拥有了机会去改变其生活。然而，当地人缺少发展的眼界，建筑师则通过推动遗产保护和社区发展支持本地村民具备更多主动学习和改变的能力。建筑师在乡村不是主导者，而是资源的支持者，乡村的主体永远是村民。

黄印武

肖靖

王浩锋

彭小松

张轶伟

郭子怡

此时无形胜有形——黄印武

村民和建筑师是怎样的关系？是朋友还是甲乙方？

我跟村民关系都不错，但是并没有走那么近。因为我们之间本来就是有差距的，若想真正跟村民进行深入的交流，需要花大量的时间。所以我更愿意保持一种友好的状态，去观察和倾听，了解村民的真实需求。

建筑师和村民是平等的，而不是建筑师关怀村民的关系。认为建筑师把村民和材料当作资源的观点，我是反对的，当下社会人们对此关系存在诸多误解。事实上建筑师本身也是资源，万物皆是资源。

在乡建过程中您面临着什么困难呢？

作为建筑师必然会遇到问题，而建筑师就是解决问题的。建筑师会思考有什么更好的方法让问题得到解决。此外，我并不认为我自己会纠结或犹豫。

城市更新中的人本主义——鲁安东

建筑师如何将设计与文创、人文进行联系，且有效切入？

首先不要质疑设计。设计一定是有用的，最终的转化、连接和搭建平台皆依靠设计实现。

其次要拓展设计的范围。不只是造物的设计，对机制和工作方式的设计也是一种设计。形式产生设计中的“Form”很重要，让“Form”中有足够多有趣的人去生产知识。在此过程中不同阶段的角色是切换的，设计师、前期的平台搭建者、协调者会变成观察者，最后变成创造者。多角色能力是未来建筑师所必备的。而设计的本质是一种以技术方法支撑的干预行动，所以，若想将地方文化运用到空间中是较为单一的，不如去设计机制，拓展建筑师的行动能力。

黄印武

鲁安东

范悦

郭子怡

张铁伟

同 学

建筑教育

我们在基础教学中产生的困惑，现代建筑讨论的是抽象的空间形式语言，一种教学方式是对没有任何基础的学生进行洗脑，强加其概念；另外一种方式是不去干预原来的知识结构，通过跨学科的方法建立数据库，再通过系统的工作方法转化空间经验，最后变成直接相关的内容。在教学中应该采用一套固定的方法引导学生，还是采用即时反应？怎么从理论的学科知识背景中提炼出设计转化？

工科传统在某种程度上是中国建筑的核心力量，能够快速反馈实际的问题和需求。文科的力量在于还原到根本层面去理解事物。人文传统跟工科传统怎么融合？回应式的工科核心逻辑和还原式的人文核心逻辑如何进行整合？其中包含了很多新问题的雏形，所以并不存在明确的方法。引导学生为具体问题制定研究方案，不需要产生结论，为问题对象制定恰当的、简化的框架，这是创造性简化，过程中浮现的设计机会是降维。因此在教学中，我认为设计包括两个阶段，第一个阶段是运用归纳法，第二个阶段运用演绎法，在基本判断之后进行设计能力的推导。将归纳法代替研究框架，找到设计切入点进行推导，构成对前面 Framework 的演绎来完成设计研究，这是基本架构。

鲁老师从不同角度，通过事物之间层层递进的体系关系，重新诠释了建筑的存在和角色。如何在建筑学教育中培养学生这种技能，并通过演绎法去拓展建筑的可能性？

新技术进入日常并成为人的能力扩展是最近发生的，与移动设备普及和物联网技术的突破息息相关，尤其是技术应用端的拓展带来了很多新的空间机会，建筑学应该努力涵盖这些交叉领域。比如，南京大屠杀遇难同胞纪念馆的冥想厅采用了纪念性建筑的做法，但我想通过一个提升方案去重新定义冥想：在厅里装上点阵状布置的传感器，把行动转化成一个加强的电流，如果有足够多人停留在房间，传感器就会变亮。操作改变了建筑的叙事方式，使之成为一个象征性的建筑，转化成观众可以参与并改变状态的建筑，这对于纪念性建筑而言非常重要。通过将物联网的技术纳入建筑设计范畴，使传统纪念建筑能够回应个体的行为，从而获得新的纪念性表达的可能。

中国当代的建筑教育主要是解决城市问题，但环境社会发生剧烈变化的情况下，城市建筑学出现了一些糟糕的现象，使得学生有所流失。同时老师教学方式没有更好地切合实践，需要调整。应该提倡乡村建筑学这类新模式加入现有的教学体系。现今乡村建筑的工作方法大多没有计划，现行的教学中也缺乏妥帖的安排或者切合的知识点，导致其质量不稳定。因此出现了学生表面参与，但做出一个看似完善的成果却毫无意义的情况。因此教学设计中带学生进入乡村、参与乡村建设，在我看来是更有效的教学模式。那么，乡建能否为建筑学教育提供一些新思路？

乡村问题的核心是如何将经验转化为科学体系。随着国家政策中乡村的转型，通过国家意志实现乡村振兴战略的实施体系提供了一定可能性。乡村有很多事物可以学习，但学生如果贸然带着城市思维到乡村做事是十分困难的。学生能够到乡村去亲身参与建设，跟村民交往，则会意识到城市和乡村是两个体系，他们可以通过学习传统建造方式，真正了解材料、建造、工匠体系。

同时，并不是所有的东西都是必须通过教学来实现，虽然老师会通过练习和案例给学生阐述知识，但更多的是告诉学生有哪些方向可以做，哪条路可以自己去走。对设计而言，每个人的天赋不一样，个人的真正成长要靠自己领悟。建筑系培养出来的学生，并不只有建筑设计一条出路，建筑师的能力其实远远超出专业本身，应该具备更多的创造性，具备更多的协调能力和更好的统筹能力。

黄印武老师目前在上海交大进行教学，如何判断什么时候将观察和认知等能力教授给学生呢？

并不是所有的能力都必须通过教学来教授给学生。教学的目的在于给学生指明有哪些方向和实现途径，真正的成长还是要依靠个人的主观能动性。

引用前院长说过的一句话，老师应该像一个客户一样，希望学生不断地去跟老师们互动交流。老师鼓励学生多多探索，但是探索的前提是要确保其基础技能。

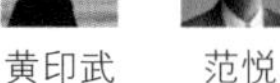

黄印武　范悦　王浩锋　夏珩

专题 02

专题01
遗产记忆
更迭
与
转译

2021.04.08
第一讲
此处无形胜有形
—遗产保护中的设计策略
黄印武
上海交通大学副教授

2021.04.27
第三讲
城市更新中的
—记忆，技术与
鲁安东
南京大学教授

专题02
数字智能
技术
与
秩序

（原“数字建造”）

2021.04.13
第二讲
深度设计
—中国当代性语境下的创意实践
高岩
iDEA 建筑事务所创始人/主持建筑师

2021.05.11
第四讲
数字入侵
—Inst. AAA
唐芃
东南大学副教授

专题03
空间更新
范式
与
原型

2021.05.18
第五讲
滨岸之兴
—城市滨水空间
章明
同济大学教授

2021.06.01

第七讲

高智能、低能耗、可持续

——BE 开放建筑设计实践

贾倍思

香港大学副教授

专题对谈

专题 02

数字智能

技术与秩序

2021.04.13 | 论道 | 第二讲

深度设计—中国当代性语境下的创意实践

高岩

iDEA 建筑事务所创始人 / 主持建筑师

GAO Yan

Founder of iDEA Architects/lead architect

iDEA 建筑事务所创始人 / 主持建筑师，英国皇家建筑师学会特许注册建筑师（RIBAPart3）。曾任香港大学建筑学院副教授级资深讲师，现任清华大学深圳国际研究生院未来人居设计学科客座副教授，中国数字建筑设计协会核心委员。2004 年至今已经赢得了 27 个国际设计奖项，包括香港龙津石桥历史保育长廊设计大赛一等奖，亚洲 A&D 办公建筑类项目金奖，德国设计协会 2018 设计大奖，美国大师奖等，并被 Perspective 杂志评为亚洲 2014 年 40 位 40 岁以下引领未来 20 年设计的杰出建筑师。过去 10 年，获得超过 500 万元的应用设计研究经费，发表了 30 余篇学术及专业论文，做了 40 余次学术讲座，担任 6 次期刊责任编辑，3 次参加威尼斯双年展。

图 1　万科云设计公社（东北视角）　©iDEA

“深度设计以数字建筑作为出发点，内容外延结合近年研究的立足点。DEEP DESIGN 也在不断演变，其核心是通过实践方式研究和深入理解整个建筑行业，挖掘建筑现象背后的意义，持续形成指导创意实践的方法，甚至形成独特理论。”

当代建筑实践的价值和意义何在

“建筑师自以为理解艺术策展空间的性能和价值，但艺术品需要跟其他艺术品放在一起，彼此的关联性会让艺术品产生其价值，孤立地看待一件物体会导致其失去文脉，失去其重要的艺术价值（标准）。” 艺术评论家克里斯托弗·奈特（Christopher Knight）对于彼得·卒姆托（Peter Zumthor）在2020年设计的洛杉矶当代艺术馆的这句评价，说明设计空间与策展逻辑要息息相关，建筑师有时一厢情愿的空间设计，从某种程度上来说，反映了当代建筑实践的一个普遍现象，就是建筑师乃至业主面对实际使用时的偏执和错位。另外一个民间博物馆的案例，建筑师设计了教科书式的砖拱券，外露混凝土，保留大树的院落尺度宜人，但对私人业主最有意义的展示产品工艺的空间，运营使用时却被安排在门口的小屋里，业主为了完成这栋建筑，也险些破产。建筑实践除了以建筑的卓越完成为目的，其实还要考量多种错综复杂的因素，并在时间维度上进行建筑全生命周期批判性的思考，从而不断引发更有价值、更可持续的创新。深度设计就是基于每一个项目复杂性的深层次、系统化设计思考的方法。

文脉、当代性

建筑一旦落成，在使用过程中经常会经历很大的变化，这可能是项目的文脉当初被错读，或者该文脉自身并不可靠。有些房子，还没盖完就已经开始做室内改造……建筑师应该具有帮业主分析和预想一个项目有效性的能力，再据此形成可以实施的设计任务书。建筑师需要和社区使用者多交流，才能对未来的“不确定性”有更好的把握（图1）。接下来列举几位国内外有影响力的建筑大师对于“当代性”的不同解读。

中国的当代建筑师广泛受到批判性地域主义的影响，学术主流的当代性（contemporaneity）的核心专注于建构物化操作的层面，如弗兰普顿（Frampton）所述那样在全球性和地域性之间建立起一种对话。比如，王澍用诗意化的文人情怀阐述对中国当代性的理解，马岩松则用山水城市为自己奇思的人造山水世界赋予灵魂，他们以各自的方式给中国建筑的当代性赋予意义。

库哈斯的建筑当代性，集中体现在他对“大”（bigness）的阐述，尺度大，也更复杂，回应了当代建筑的不确定性（uncertainty）。他接受资本的力量，不是单纯去抵抗和投降，而是用智慧的方式跟权力博弈。伯纳德·屈米则认为形式（form）是建筑策略的结果，建筑不止由知识引导出形式，而且建筑本身就是一种知识。他在《红色不是一个颜色》（*Red is not a Color*）一书中，从空间、事件和运动的设计议程，发展到关注项目概念、文脉和内容的分类，都是对作品的不断梳理和反思，用发展的态度看待自己的设计创作。隈研吾撰写的

图 2　苏州凯博易控总部研发主楼　©iDEA

《反物体》（*Anti-objects*），透露出浓厚的东方情怀，动态地跟周边环境发生关系，他认为建筑本身不是目的，而是媒介，建立起人和时空的联系。帕特里克·舒马赫（Patrik Schumacher）认为建筑形式因凝固信息，具有交流的功能，成为社群交流的中介。

我对于当代性的理解可以概括为“深度设计”的方法论，它基于如下的哲学观点。伽达默尔（Gadamer）的诠释现象学（hermeneutic phenomenonlogy），强调本体论（ontology）知识，建筑的本体论是指我们当下的认知是基于过去经验的整体认知，通过行动和话语行为试图理解它；当行为主体接收对新事物的反馈后，原有整体的理解受到挑战；这样一个知识积累演化的过程，会让你意识到之前的认知是有偏差的，或者是不全面的，然后就会触动更深层的反思和解读，认知水平得以提升。杜威（Dewey）提出的“实用主义”，体现出探寻综合解决社会新问题方案的系统性思考，形成回应社会当代性的新知识。在 20 世纪 50 年代，他们曾经讨论过实用主义如何导向创新，如何形成创新产品。吉尔·德勒兹（Gilles Deleuze）与建筑相关的逻辑性论述，最核心的就是 connection，即联系本身就是逻辑。

大湾区的实用主义与内卷

现在媒体的高效报道和信息传播，其弊端是导致对项目特定文脉解读和理解的欠缺，致使对设计和创意工作的判断可能不够全面。在大湾区如今城市更新的文脉下，建筑实践的首要特征便是“实用性”（pragmatic）。从人口、经济产值来看，大湾区肯定是中国未来 20 年经济最有活力的地方，对比东京湾、旧金山湾区的经济指标，大湾区的经济量和人口的优势非常显著。深圳经历了非常快速的城市化，这种巨变得益于自上而下的政策支持与自由资本的有效平衡，并为自下而上的自然生长留有空间。正如库哈斯《癫狂的纽约》笔下的曼哈顿主义，记录了那些主流建筑师在曼哈顿的城市演变过程中的重要贡献。库哈斯从记者的视角，用纪录片的方式，启示着今天的我们，如何理解深圳城市现象背后系统化、深层次的成因逻辑。

最近很流行的一个词语叫“内卷”（involution），社会某个领域并没有因为发生过度的竞争而带来系统的创新，而是内向变得更复杂，相互倾轧内耗。香港中环与深圳东站对比尺度相似，前者是高密度城市创造性地解决了地上地下多种交通顺畅的复杂系统典范；后者则因为片断化的城市建设，朝向内部变得越来越复杂，同时因为城市管理与运营机制，无法允许创新性地疏通各种空间屏障。城市发展和更新过程中的统筹与协调机制的缺席，造成了内卷化，缺乏促生创新方案落地的系统机制。在此类城市更新的项目中，建筑师要平衡相关决策单位和所面临的资本方、实施方、设计方、施工方等的不同诉求。实用主义目的就是要解决问题，更多指向未来的可能性；不仅解决当下的问题，同时用更长远的眼光看待未来的可能性；不光有利于决策者，而且有益于包括使用者在内的相关利益方（图 2）。

城市产业、深度设计

丹尼·多林（Danny Dorling）在*Critical Cities*里提出“城市产业”（urban industry）的概念，并提到其具备的五个特点，包括精英主义、圈子文化、少数倾向、逐利获益、孤注一掷。这些也反映了我们城市化进程中的现象，是“中国当代性”无法回避的问题，不是一味地抵触权力和资本，也不是设计创作依赖直觉感悟，或者一定有预设的抽象图形；而是在实践过程中通过与权力和资本的博弈，靠个人经验和理性分析的“智性探寻”，形成跨界思维、建立联系的创作策略。

我参考肯·威尔伯（Ken Welber）的《万物简史》中的“四方图相”（The Four Quadrant）绘制了一个“建筑四方图相”，四个基础相域的不断重叠，在个人意图维度强调用户体验的设计创作，在社会组织维度强调理解建筑运营的创作实践，在群体文化维度强调顺应项目

图 3　深圳罗湖一馆一中心
—与深圳华汇联合创作设计（建设中）　©iDEA

图 4　天颐湖梦想小镇儿童体验中心　©iDEA

图 5　西安国际足球中心—与 ZHA 联合创作设计（建设中）　©iDEA

管理的工程实践，以及在事实行为维度强调思考建造的设计实践。在这“四方图相”的中央，是发现潜在联系的设计思维，能够实现更有价值、更高效、更具创意的设计操作，这也是整个“建筑四方图相”最核心的“设计智慧”（图3、图4）。

雷姆·库哈斯曾把一届威尼斯双年展的主题定为Fundamental（根本），当时中国馆的策展人姜珺解释中国建筑的根本，与西方体系下的找形和成形不同，是定形和去形的“生、长、收、藏”的衍生逻辑。由此，我认为在面对中国当代的设计议题时，要从“生意、长形、收制、藏知”这四个循环往复的状态去理解深度设计方法论的根本，实现“智性探寻”（intellectual inquiry）的过程，让很多无序混乱的现实文脉，通过分析梳理而逐渐显序。首先是对事实的量化，收集数据并分析研究，再往深层就是挖掘关系和因由，直至触及创意生发原点的根本矛盾，即设计创作的机会。创意成形后便是制定相应的设计策略，生成形式和具体项目的设计操作，即使没能在此项目实现，也有机会变成其他项目概念的种子。这个过程是对深度设计实践方法论的概括。

联合创作与参数化结构优化设计

最后重点说一下和扎哈事务所的“联合创作”。在成都足球场馆项目中，我们当时是唯一将旁边公园做整体设计的参赛单位，那种成都市民生活化活动的场景，融入扎哈的形态创意中特别有效。在另外一个成都自然博物馆的合作项目上，专注于形成抽象形态的原点，结合项目的目的，我从两个方向挖掘灵感，即对自然界中“生命”的空间诠释和对未来博物馆“策展”的系统变化。我们希望它是一个开放的像大学校园的场所，让年轻人能够非常愉快地去看展品，并能反复到达。在西安国际足球中心项目的合作中，创作原点是从更宏观的角度，去思考建筑在赛后持久的使用状态（图5）。我们还需要关注东西两边场馆与社区的联系，深度理解体育产业如何促进体育经济活动的空间原型，以及训练场与社区公众活动的关系、使用的状态，等等。我们首先对于空间分布的逻辑做了前期研究，在球碗找形的阶段做了参数控制模型，为接下来赋形提出重要量化分析的基础。本项目中，结构设计和建筑紧密结合，提出刚性网壳屋面和马鞍形双层正交索网张拉结构的混合屋面结构，以解决不规则的马鞍形球碗的顶部跟张拉索网找形面的结构边际之间所需要的过渡几何形体，这样屋面就可以既实现建筑师想要的形态效果，又满足结构工程师想要的几何性能，体现了深度设计对模糊专业边界和对几何性能化的关注。

中国当代性语境下的创意实践历来是建筑学界较为关心的话题。高岩长期执教于香港大学和清华大学（深圳）未来研究院，在长达十年的教学经历中凝练出关于建筑类型、性质以及设计阶段等不同层面的案例体系，从传统文化、哲学理念、建造技术、工艺工法等角度为创意实践的可行性提供新鲜的视角，在这种框架中如何去寻求核心创意的源泉，如何摆脱现实僵化条件的束缚，对于建筑师来说都是极其困难的挑战。高岩认为通过一种形而上的、关注深层次（comprehensive）思考语境的“深度设计”策略，能够提供可资借鉴的方法。

从彼得・卒姆托在美国洛杉矶的艺术馆设计切题，高岩提出建筑师的精致利己主义驱动下生产的建筑空间应当受到质疑，设计必须在一种特定的文脉中才能被彻底理解。首先，实用性应当得到正视。当下中国的设计实践中，要理解和发展城市急切需要一种新的理论语境。雷姆・库哈斯在 20 世纪 70 年代的纽约发掘了曼哈顿主义的实证理论框架，而快速发展的深圳也需要类似的工具来帮助建筑师处理纷杂的要素和信息。对比香港中环和深圳火车东站的整体开发模式，我们能体会到政府机构在资源配置统筹与市政管理方面的差距。同时，逐渐占据学科话语权的站城一体化设计，其本质是土地开发政策在规划编制、开发模式、实施分期、投资管理等层面的协调与落实。高岩认为这种起源于 19 世纪晚期美国约翰・杜威等学者、可称为“新实用主义”的思想，旨

2021.04.13 | 论道 | 第二讲

深度设计—中国当代性语境下的创意实践

编者按

在用持续的创造力，通过有力地为决策者和利益相关者都解决问题，从而落实长久未来的可能性。

在哲学层面，海德格尔和伽达默尔的现象学与诠释学可以成为我们认识设计的理论工具。当人们想要了解未知世界时，需要通过沉浸式的感知，触动深层次的反思与解读，系统思考与探寻社会本性，并将事物的意义投射到自身的行为之中。这种思考方式将有利于我们去理解“广义自然观”的中国当代性，去理解博弈和资本、万物相连的现象，并把传统理解为实践过程，从而激发以智力和创意为根本的设计活动。

参数化作为推进这种创意的新型工具，有其计算性、适配性和科学性方面的优势，表面上看只是基于意象而得到的形体生成，其背后则是生成逻辑的体系。它能够帮助设计者从形式生长（grow form）、条件约束（restrain gains）、知识架构（reserve knowledge）、酝酿概念（breed ideas）等层面的循环中不断优化，最终将设计物化成形。在不同设计项目的具体探询过程中，其实是有一种潜在的整体思考模型存在。在表面的信息体系下会沉淀出一系列的事实（facts），基于事实梳理而得到的关系网络（relation）。这些关系相互嵌套的“能量场”支撑了普遍规律发生作用，最终得到一种控制设计发展的“系统合成”（system synthetic）的综合效应。高岩认为做设计还是要顺势而为、守正出奇、事无定法，那么结果就必在情理之中。

专题 02

数字智能

技术与秩序

2021.05.11 | 论道 | 第四讲

数字入侵—Inst. AAA 教研与实践探索

唐芃 副教授

东南大学

TANG Peng，Associate Professor

Southeast University

东南大学建筑学院副教授，博士生导师，建筑学院院长助理，建筑运算与应用研究所（Inst. AAA）副所长，日本京都大学工学博士，*Frontier of Architectural Research* 杂志副主编，中国建筑学会计算性设计分委会常务理事，城市与建筑遗产保护教育部国家重点实验室成员。中国建筑学会会员，日本建筑学会会员。主要从事与传统建筑聚落的更新与保护相关的建筑设计创作，以及相关领域数字技术应用的理论研究与教学工作。设计作品结合理论研究以及教学实践，成果曾参加 2016 年威尼斯国际建筑双年展平行展、国际建协 2017 年首尔世界建筑师大会等国际高水平建筑设计展。科研方向聚焦于数字技术的传统聚落保护方法，成果获 2017 年华夏建设科技奖一等奖等。近年来主持相关国家自然科学基金项目、省部级科研项目等，并参与国家“十二五”科技支撑计划、“十三五”重点研发项目等多个科研项目。

图 1　生成设计的实践与探索　©Inst.AAA

“Inst.AAA 是建筑运算与应用研究所（Institute of Architectural Algorithms & Applications）的简称。今天的内容包括 Inst.AAA 三个研究方向的介绍，即生成设计（Generative Design）、数控建造（Digital Fabrication）和物理计算（Physical Computing），以及城市与建筑遗产保护中的数字技术应用这一部分是我自己团队的主要研究方向。”

Inst.AAA 的数字革命

在以建筑学学科为依托的建筑智能化设计和先进建造这样的一个创新平台，通过教学、研究和突破性的实际项目，来践行理想，实现探索。

生成设计的英文是 generative design，从字面理解，是用计算机强大的存储和计算能力来帮助我们解决建筑设计中许多需要重复的复杂的计算工作，真正做到从 CAAD（drawing）到 CAAD（design）的一个革命性的转变，有更多时间专注于城市建筑设计中的本质问题。

生成设计的实践与探索

赋值际村，基于空间规则的徽州传统建筑聚落的空间生成设计，重点关注徽州村落际村的重建问题。它建立了一个徽州样式的民居生成体系，包括从村落的布局到建筑单体的深化设计。生成系统的研究重点在于村落的自组织系统以及对徽州民居的模式提炼。

另外一个案例是基于功能拓扑关系的独立住宅的自动生成设计。我们可以选择最喜欢的方案进行深化（图 1）。

建筑造型设计的云端辅助工具

建筑造型设计的云端辅助工具，可以通过编写的程序实现立面造型的生成，同时拿出很多方案来供业主选择，可以减少建筑师无休止地修改建筑方案的时间。

建筑师只需要在我们开发的网页端输入自己想要进行的立面设计

图 2　数控建造的项目实际应用　©Inst.AAA

的方案模块，选取自己喜爱的立面的模块数据，然后将其输入服务器，由强大的服务器端来进行计算和生成。

在 Inst.AAA 的网络服务器和数据库中，设计师只需要在网页端输入，然后在库里面选择想要加入的立面的门窗的效果，可以具体精确到每一个门窗的细节上，甚至材质的选择，等等。获得满意的方案之后，直接输出模型就可以进行使用。

数控建造的项目实际应用

数控建造（digital fabrication）是与建筑材料科学、制造工艺、建筑设计、结构力学以及计算机数值控制（computer numeric control，CNC）等技术密切相关的一个交叉学科；而且在生成设计中得到的数据结果可以直接输入 CNC 中进行建造，从而形成数字链，为建筑学提供一个全新的视角，来提高设计的效率和建筑的品质，并且能够推动建筑师发现新的设计问题，建立新的设计方法。

机器人数控建造是研究生以及本科四年级课程的必修内容。机器人数控建造的重点研究工作之一是对传统木构建筑的榫卯结构进行现代革新，以及在机器语言开发上做了非常多的探索（图 2）。

实现形态生成与结构验算的并行操作

南岸美村乡村生态博物馆的设计与建造是一个用原来的旧农房改建的面向池塘的生态博物馆项目。围墙是采用摩尔纹的原理通过数字化的手段进行的一次视错觉的尝试。当游客沿着围墙走动的时候，能够看到墙上的画面。

物理计算下的人机交互和建筑运维

建筑在建成之后的运维以及人与建筑的互动，需要通过物理计算和人机交互以及电器传感器的相互连接或者数据的交互来获得，需要对电子电气设备、传感器、数据交互有一定的能力和知识储备，从而实现人工智能技术的提高和建筑智能化的运维管理。

李力老师在瑞士留学的时候进行的一个高精度、多目标定位分析系统的实验，实现了在超市中对人的行为模式的追踪与分析，提供了一定的平面设计上面的支持，可以运用到学校、商场等人流比较密集的地方，因为这些场所中人的行为模式需要追踪与分析。

我们有一门课程叫互动设计，要求同学在八周的设计课里做出一个人机互动的装置，为东南大学建筑设计院的门厅设计一些互动装置。一组设计是一个沉浸式智能展台，下面其实是可以控制的万向轮，通过传感器来感知，同时它表面的膜是继电器光感膜，可以变成透明的，也可以变成不透明的。它改变了人们看展览的一般方式，展台可以陈

图 3　物理计算下的人机交互和建筑运维　©Inst.AAA

图 4　数字技术下的城市与建筑设计遗产保护　©Inst.AAA

列式地放在那里让人去看，也可以根据人的位置来追踪人的轨迹，自动跑到你的面前来对你进行展示；它还可以在下班的时候，自动回到充电桩充电，实现了人工智能的人机互动效果（图 3）。

数字技术下的城市与建筑设计遗产保护

用数据挖掘与机器学习这样的工具，来从已知数据集中发现各种模型概要和导出的过程，也就是说我们从历史性城市、城市历史地段和传统建筑聚落中去发现建筑要素、建筑形式、聚落与建筑形态空间之间的描述方法或者生成规则，从而完成数据收集和知识发现的过程。在遗产的保护更新、街区规划、聚落空间的设计中，用生成设计的方法来完成设计，从而形成数据收集、知识发现到生成设计这样的闭环。

在 2016 年与罗马大学共同进行的罗马 Termini 火车站周边城市更新这样一个联合教学的课题中，我们使用了机器学习中基于案例学习的方法，每一个地块的数据都是由人为的方式来编写，比如说建筑密度、形状系数等，然后与之匹配的相似性被实时计算为不同属性之间的一个相似性的加权。这个相似性的匹配就是它的搜索过程实际上是一个加权和数值的遍历比较，但是如果我们在工作时能较多地使用基于深度学习的特征提取与聚类，将会获得更好的结果。深度学习是通过误差反向传递和梯度下降的方法，自动从样例中学习特征，所以它甚至可以映射出基于样例的更为多样的结果（图 4）。

目前村落空间肌理被破坏、密度过高，或者公共空间不完整，以及在新农村建设中存在的尺度失衡的问题，都需要我们从传统中去学习，深度学习的方法就给了我们这样一个有力的支持。通过基于神经网络的聚类分析，我们可以将成千上万个聚落进行聚类。在对一个新的村落进行优化和空间设计的时候，从聚类中去获得值得参考的方案，来迅速支持我们的设计。

目前的数字技术在城市与建筑遗产保护工作中，怎样将这些尺度层级串联起来，将自下而上的形态研究到自上而下的形态生成和它连接起来，是我们未来的研究方向。

东南大学建筑学院建筑运算与应用研究所在国内智能化建筑与计算性建筑设计方面，一直处于影响力较为领先的地位，这有赖于研究所包括李飚、唐芃等教授在内的团队的推动和指导。团队在生成设计、数控建造与物理计算等方面都有专门的教学团队和针对性的教育理念支撑。唐芃认为建筑师应该勇于将设计过程中的一部分工作交由计算机来完成，从而让建筑师专注于创新创造层面的高质量工作。

生成设计（generative design）是利用计算机作为设计主体分析与探索的生成工具而进行的辅助设计，建筑师凭借计算机程序实现空间形体的优化组合，用算法来引导建筑设计生成。在徽州传统聚落空间生成设计课题中，唐芃团队将皖南民居建筑的诸多要素，包括环境、建筑形态、屋顶白墙等要素、内部屋架类型等信息，建立相关数据库；在此基础上，设计师推进这些要素在计算机模型中的可变性，通过对村落地块整体方格网化的划分方式，输入道路肌理控制要求，从而生成整个村落的新形态。这种方式不仅能够用于地域建筑调研，同时也能在日常的建筑设计教学过程中，成为学生理解和掌握建筑形态生成逻辑的基本工具。通过对巴塞尔某住宅立面规则的研究，学生得出其

2021.05.11 | 论道 | 第四讲

数字入侵—Inst. AAA 教研与实践探索

编者按

设计潜在的模块提取，实现了对这个由赫尔佐格设计的建筑的重新理解。

唐芃老师着重介绍了运算凭借数字技术从事城市与建筑遗产保护方面的研究与实践，这主要体现在计算机能够快速识别与提取传统建筑聚落空间的生产规则，并快速生成设计。王建国院士在《建筑学报》中着重提出数字化城市设计在工具方法层面的范型提升，对数据库的有效利用和容纳、处理海量信息的需求将成为城市设计的基本成果形式。放在传统聚落遗产研究的具体层面，数字技术预期会在已知数据集合中寻找多元模型，并针对建筑要素、建筑形式、聚落形态等层面提出相应的描述方法与生成规则，进而将其应用到历史性城市地段等保护更新、街区规划与设计的实践中来。在宜兴丁蜀古南街的改造项目中，建筑师精确判定传统街道的主要影响要素在于二层墙身材料、门窗形式而非屋顶，基于二维图像要素替换并生成了新的传统建筑立面。

唐芃认为以上方面应当相互关联，从生成设计到数字运维，更多的是利用现代数字手段来补充传统城市与建筑设计等工作的不足。

专题 02

数字智能

技术与秩序

2021.06.01 | 论道 | 第七讲

高智能、低能耗、可持续—BE 开放建筑设计实践

贾倍思 副教授
香港大学
JIA Beisi, Associate Professor
Hongkong University

南京工学院（后更名东南大学）学士，瑞士苏黎世联邦工科大学硕士，南京工学院和瑞士苏黎世联邦工科大学联合计划建筑史和理论博士，东南大学名誉教授。现任香港大学香港建筑副教授、教学课程协调员、硕士和博士生导师。国际建筑创新研究理事会（CIB）W104“开放建筑实践”协调员。主持和参与住房适应性和住房可持续发展的多项研究项目。发表著作5部，在*Open House International*、*Landscape Research*、*Habitat International*、*Sustainability* 等国际和国内期刊上发表论文若干。担任*Open House International*等杂志编委。BE建筑设计（香港）（Baumschlager Eberle Hong Kong Ltd.）总经理、合伙人和主创设计师。主持或参与了住宅、公共建筑、商业中心、办公建筑和城市设计等多个大型项目和竞赛获奖项目。

图1　建筑是文化的特征　© 贾倍思

“首先建筑不重要，外部空间最重要；第二是结构很重要，要有它的功能弹性，这样才能够适应不同的功能，才能够长寿；第三才是牵扯到建筑技术，这个技术首先是软件，是知识，不是硬件。”

建筑是文化的特征：外部空间比建筑本身更重要

建筑是一个文化的特征。图 1 展示的是意大利，所谓建筑学的发源地在文艺复兴时期的建筑状态。图片展示的既是建筑，又不是建筑，反而是建筑与建筑之间的空间，进而引申到另外一个问题：建筑并不重要，而是建筑的外部空间比建筑本身更重要。

仪式本身并不是居住生活这些基本的功能，而是一种文化，所以建筑第一篇是文化的建筑，这是非常重要的，它提示我们建筑学不完全是一种基本功能，它也是一种文化的体现。

文化具有地域性特征，本地的文化是区别于其他地区的。

人是从一个聚落开始，先建一栋房子，进而有一些耕地、住在一起，形成一种典型的社会关系（图 1）。从文化角度解释：这是一个群体，代表了一个群体的价值，是一个本地的社会关系、社会组织关系。

城市设计

伯尔尼是瑞士的首都，它的特点非常鲜明，无论是它跟海的关系、山的关系，还是跟河的关系、街道的关系，其他地方的形态没有跟这里一模一样的。

到了文艺复兴时开始整理城市，此前中世纪的城市只有教堂，没有文化，城市混乱如一片废墟。主教邀请建筑大师来拯救城市，形成了以轴线连接纪念性建筑的形式，使所有的纪念建筑可以快速地显露出来，国内称之为显山露水。而这个就代表了文化——让这些文化来改变城市形象以及中世纪形象。能代表一个城市文化的是城市设计，而不是某个建筑单体。

文艺复兴使得古罗马真正复兴。所以今天的罗马，基本上是文艺复兴时期做出来的，也是罗马之所以成为一个美丽城市的秘密。

它不需要所谓的智能化，因为其本身即文化，能够穿越四五百年还是那么吸引人。我们要放下自己的观念，我们不是做建筑，我们是做环境，我们是做城市，我们是做外部空间，这是非常重要的理念。

注重形态的规划设计

欧洲中世纪的城市规划中，平面线条画在哪里，建筑就拆到哪里，拆了以后还要做一些修补和重建。单栋建筑对巴黎来说并不重要，相比之下街道透视最佳更为重要。最后形成了大量形态突出的规划，单体建筑已经消隐于整个城市规划之中。

城市和人的精神面貌是吻合的，在马奈的画中除了可以看到巴黎改造之后的街景，同时可以看到人们自豪的精神面貌。城市规划师给

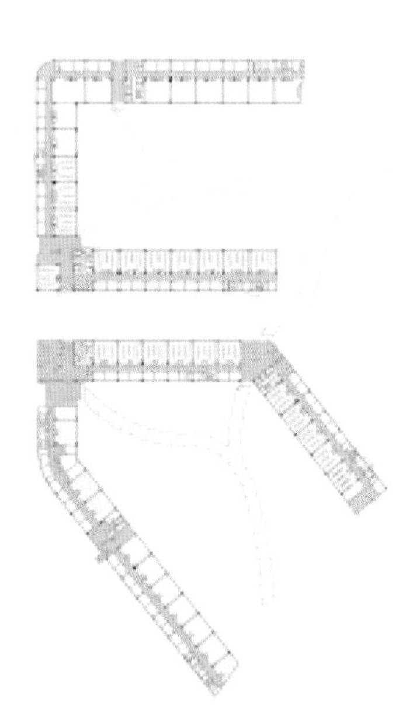

图 2　南方科技大学教学楼　© 贾倍思

了巴黎独特的城市空间和街道形态，而建筑内部功能是次要的。

上海佘山的拆迁房做了一些廉价住宅，参考巴黎的街区并结合当地环境特点，整体规划采用树状的构成，大多数建筑还是南北向，只做了公共建筑和街道，以及对街道两边的建筑做了规划。第一期建成后居民非常满意，他们是低收入的拆迁户，而整体的规划使他们获得了欧洲居住水准的感受。

宁波鄞江镇右边就是老城区，左边整个就是新城。从老城和新城的关系上看，基本上无法区分哪里是老城，哪里是新城。新建过程中，最主要的就是保留乡村文化。

第三个案例是青岛蓝色硅谷新开发区的中心核心区的景区规划。左侧原有的一块绿地要求保留，我们的策略是把这块绿地复制了三项变成一个基本结构，现有的外部空间是一个梯形，类似于威尼斯广场，它不是矩形的，是斜的。

城市设计的项目中非常重视形态，形态要有特点。就像瑞士的伯尔尼一样，大家喜欢有标识性的东西，然后记住这个地方。

作为建筑师首先要了解所要达成的目标，比如个人需求、建筑和社会发展的关系、建筑和资源利用的关系、开放建筑、城市密度和资源关系以及环境的可持续发展。

中性的结构：具有功能弹性的建筑才能实现可持续

BE 建筑设计事务所创始人之一的 Eberle 认为我们要学会发挥资源优势，了解现有资源，并充分利用这些资源。建筑首先是作为一个划分公共性和私密性的边界，将建筑区分为内和外。建筑要兼顾环境、节能、环保资源等方面，将一些看似无用的资源转化成有用的资源。小建筑的可修改性更强，所以 Eberle 早期的住宅项目中会用小建筑来做一些建筑实验。

比利时最大的医院设计中采用了全装配式的结构，里面没有一个庭院是一样的，每个庭院都具有可识别性。它适合于不同的功能，是典型的中性建筑。在阿姆斯特丹超高密度的办公楼，场地几乎是一个平行四边形，我用建筑结构做城市空间，具有一种可识别性，这个结构是一个能动性的建筑。在苏黎世有幸获一等奖的一个建筑中体现了绝对的灵活性和彻底的灵活性，因为每个实验室、教授、团队的需要都不同，使得每个房间大小、光线控制、通风情况都不一样，尤其是实验室非常难做，它涵盖了各学科的综合性。

开放建筑

南方科大里面有九个山丘，叫“九山一水”。因为在山丘上发现

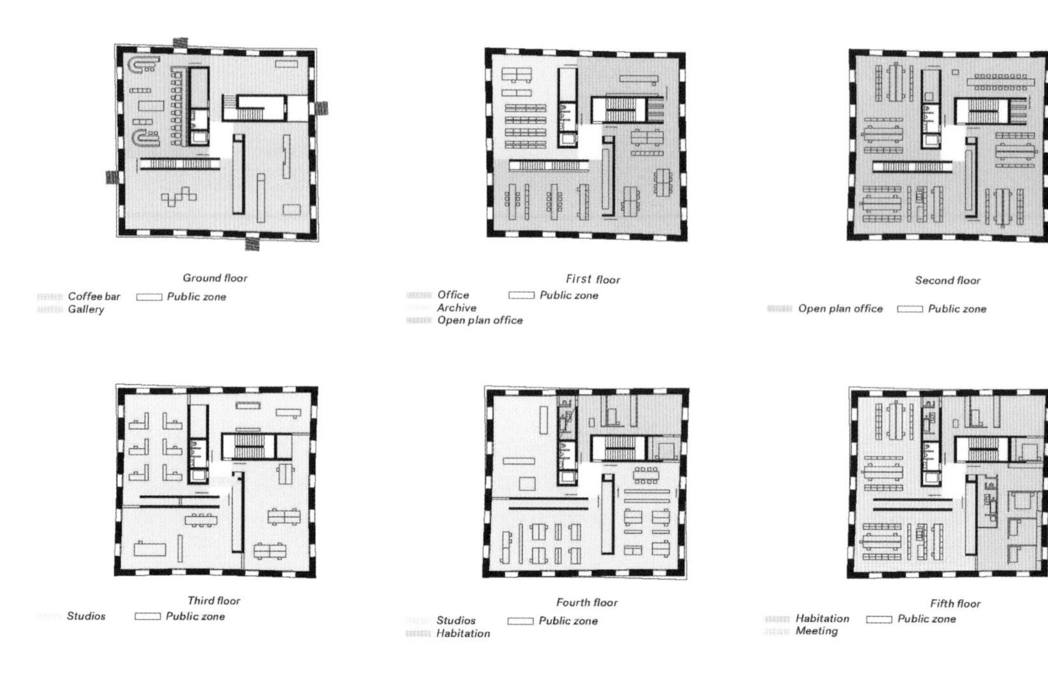

图 3　智能建筑 BE2226　© 贾倍思

过史前遗迹，每一个山丘都必须保护，不能够铲平，所以我们根据这些地形来做的设计。工程院有九个系，设计之初并没有确定好需要做什么系，所以我们做开放建筑，只设定配套，后期根据需求再分隔空间（图 2）。

开放建筑注意功能容量，不能只考虑一个功能，要考虑多功能，但一个功能做不好也不行，需要把每个功能都做好。同样，一个建筑结构布局非常重要，结构对功能的限制是最大的，建筑要做中性，里面就要做灵活，要给改造提供方便。核心筒的布局非常重要。最难解决的一个问题就是层高和规范，因为不同的功能层高是不一样。

低能耗：智能建筑

建筑节能，也是智能建筑，也叫BE2226建筑，它是Eberle设计的，底层是一个画廊和一个餐厅，中间两层是BE办公楼（图3）。

Eberle取消了所有的设备，取消了太阳能，取消了电源热泵——把所有的节能设备全取消，包括太阳能和地源热泵。保持室内温度在22到26℃，只有自然通风，没有机械通风，没有供暖，没有空调。

在建筑中讲环境，讲舒适度，讲技术。但技术是最不重要的，最重要的是建筑师一定要把建筑设计一块做好，给工程师创造好条件，他们节能做得就能很容易。例如窗墙比、体形系数，就是要对这些最基本的东西很重视，才能够把节能可持续、高智能做好。

建筑中只保留了建筑师们比较喜欢的所有设备取消以后的干净，唯一存在的就是智能控制，整个建筑是智能化的，各个房间都有感应器，它主要是测量三个数据，温度、湿度和二氧化碳。在右手边，入口处有一个小屏幕，是触控屏，可以调节室内温度、湿度、二氧化碳，只要半小时不去动它，建筑就会按照自己的方式运行，觉得该开窗就开窗。唯一的一个动态的东西就是木板，窗上的木板是自动调节的，里面什么都没有，这就是BE2226的知识产权。

我们所说的智能化就是说全靠数据、全靠科学：材料、环境、日照、温度、湿度、人数、产热……而建筑师需要告诉相关专家我们需要什么。

MOMA是2005年在北京进行的一个改造项目，当时北京还没有同类型建筑的能耗指标，所以只是按照德国、奥地利和瑞士的能耗标准。

建筑不是创新，而是如何让一个建筑可以使用200年，即可持续建筑。总结下来，首先建筑不重要，外部空间最重要；二是结构很重要，要有它的功能弹性，这样才能够适应不同的功能，才能够长寿；第三才是牵扯到一些建筑技术，这个技术首先是软件，是知识，而不是硬件。20世纪是属于机器的世纪，建筑设备的世纪，所以我们看了很多设备，空调供暖、太阳能之类的都是20世纪产生的，21世纪和20世纪最大的区别就是，我们要的只是软件，是智慧加软件。

一个城市是从早期聚落开始发展的，在历史进程中，聚落与城市的群体价值和社会组织关系，是形成其居民获得一致价值观的内在动力。这个过程无需所谓的规划书来实现。古希腊的雅典卫城、罗马的新城规划、奥斯曼针对法国巴黎的重建规划，城市形态相较于建筑形态来说更加重要，但是巨大的城市轴线对于整体环境的影响，很难用简而概之的理论予以衡量。香港大学贾倍思副教授的讲座从若干中世纪或近代城市肌理案例出发，引申出现代城市空间的质量与行走于其间的使用者的心态之间的关系。

贾倍思老师介绍了近年来在上海设计的若干重点项目，包括佘山的政府廉价住宅群，并非单纯模仿欧式城市风貌，它结合南北向的建筑环境，打破西方相对固定的围合街区模式，让政府投资方与使用者都在感受到特色化住区环境的同时，又避免了不良热工环境带来的不便。在宁波鄞江镇的新城发展规划方案中，我们一时间很难分辨出老城与新城的区别，城市新区在规划中转化为老城的有机部分，设计者只适当干预了公共建筑布局、街道体系，并控制沿街风貌等。鄞江镇的设计理念似乎意欲对标欧洲的代尔夫特和瑞士的风景小镇，让城市发展让渡于整体风貌的保护和延续。

2021.06.01 | 论道 | 第七讲

高智能、低能耗、可持续—BE 开放建筑设计实践

编者按

BE 事务所的一个核心概念与驱动力是“2226”，一种对建筑室内温度提出极致环保要求指标的设计理念，要求仅依靠自然通风和智能化节能控制手段，零供暖、无空调，保持全年建筑室内温度处于 22 至 26℃。很显然，这是一整套涵盖面非常多元而复杂的体系：除去对建筑光热环境、辐射、降水、风向的关照外，对各种类型的技术指标与舒适度的监测都成为设计的组成部分。然而最重要、也是建筑师理应处理的是关于建造体系的控制与选择，形体系数、窗墙比、气密性、外墙屋顶楼板的保温隔热与节能玻璃等材料的使用，都应该由建筑师首当其冲地完成优化，让建筑能够以数字化、智能化的方式来自我调节。贾倍思副教授在北京 MOMA 大楼的改造项目中，落实奥地利与德国的能耗标准，从而极大程度上增加了建筑的附加值。

现代主义城市理念相当程度上破坏了城市肌理，功能至上的设计却导致建筑的高性能使用维持不到 20 年。即便是制定百年的标准，对于建筑来说也极为低端。贾倍思总结道，当功能主义彻底失败，最大的挑战不一定是沿用建筑至百年，而首先是让人们喜欢它。

专题 02

数字智能

技术与秩序

当代建筑前沿 2021 春季学期系列讲座 | 第二讲

2021.04.13

深度设计

—中国当代性语境下的创意实践

深度设计就是 intellectual inquiry，一个基于智力探寻的过程。通过不断探究询问，逐渐发现项目更深层次的内在的问题和价值点，进而形成创作手段。这样的智力探寻过程，最核心的基础是积极的实用主义。

——高岩

对谈嘉宾

王浩锋：深圳大学教授
郭　馨：深圳大学副教授
万欣宇：深圳大学助理教授

对话 02 | 专题对谈

当代建筑前沿 2021 春季学期系列讲座 | 第四讲

2021.05.11

数字入侵
—Inst.AAA 教研与实践探索

要突破的一个瓶颈就是你怎么样正确地理解数字技术在城市与建筑设计中的应用。数字技术或者程序研发者应该是建筑师本身，因为只有建筑师才了解建筑师要解决什么问题。对于建筑设计的房屋本身，我们能够实现的是互动系统，但它依然存在数据传输、设备持久性、耐久性等问题的技术壁垒需要突破。

——唐芃

对谈嘉宾

齐　奕：深圳大学助理教授
曾凡博：深圳大学助理教授
杨镇源：深圳大学讲师

当代建筑前沿 2021 春季学期系列讲座 | 第七讲

2021.06.01

高智能、低能耗、可持续
—BE 开放建筑设计实践

建筑历史、建筑文化才是真正的智慧，要学技术，要懂得运用技术，最大的智慧是给一个地方一群人、一个空间和一个形象，让他们觉得骄傲，让他们觉得是属于这个地方，我觉得这个才是大智慧，就是高智能建筑。对文化也能够用数据来处理的话，也是件好事。开放性建筑应该是为智能化建筑提供了更好的条件。

——贾倍思

对谈嘉宾

艾志刚：深圳大学教授
何　川：深圳大学教授
齐　奕：深圳大学助理教授

数字技术支持下的流程设计

深度设计——高岩

设计流程是复杂的循环，在这样高度强调科学性分析及设计过程的体系中，建筑师应该如何把控流程及合理运用相关技术？如何在设计的全过程中合理地介入？

每个项目早期发现主线，即关键点、关键问题和关键矛盾。研究和调研过程能够获得功能形式和结构之间的组织关系，再去进行形体比较。

分享一下我之前在蓝天组的设计方法和流程。蓝天组仍然会用最初的超现实主义这种弗洛伊德式的潜意识方法做设计，从功能角度来讲，其实是非常不解构的，但是形式保持了解构的特点。解构主义核心观点是把原本的话语权、权威解读都消解掉，所以最早的设计形式方面都是碎片化，类似于俄国构成主义，建筑拒绝用符号的方式来解读建筑。

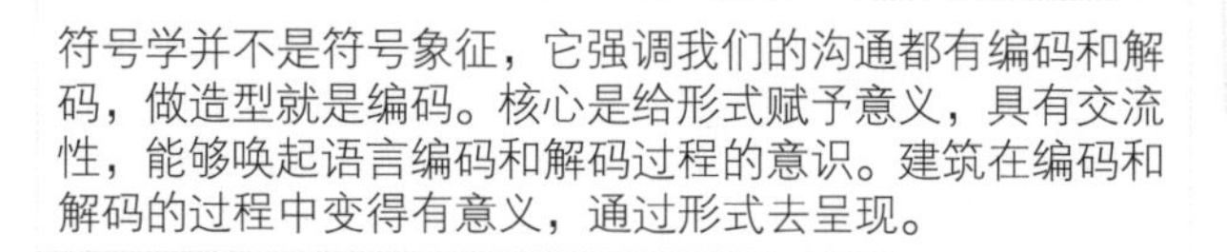

符号学并不是符号象征，它强调我们的沟通都有编码和解码，做造型就是编码。核心是给形式赋予意义，具有交流性，能够唤起语言编码和解码过程的意识。建筑在编码和解码的过程中变得有意义，通过形式去呈现。

数字入侵——唐芃

建筑设计是一个需要创新的专业，将那些重复的计算交给计算机，建筑师才能有更多的机会去想出更好的 idea。我们在做深度学习和机器学习的时候，大量的时间是用在人工对数据的梳理，但从哪儿得到这些数据，以及在有限的条件下转变成所需要的数据，是我们在工作中遇到的技术壁垒。对建筑的数字技术在设计中的使用没有正确的认识，是人的思维瓶颈，因此人的思维要超前，技术才能跟得上。

数字技术的优势与挑战

塞西尔·巴尔蒙德（Cecil Balmond）在做慕尼黑体育场设计的时候，没有计算机辅助设计，靠人工方式做出复杂的空间网架结构。现在数字技术已经能够帮助我们去理解建筑空间类型的解决方案。如何用先进的技术去控制、建立数学模型以及定义相关结构，数字技术在哪些方面带来了便利条件？如何看数字技术的应对和挑战？

数字技术最终还是一种技术，能够非常强力地辅助做设计，但还是需要设计师去控制。数字技术的影响，最外层关乎数字自动化过程，像BIM、CAD早期数字技术帮我们解决快速、机械化、自动化的手段。再者跟设计方法相关，数字技术辅助形体生成、立面组织、功能生成、场地逻辑等，影响到设计结果。参数化作为设计的原点，跟数字技术发生关系，包括深层逻辑。高迪没有数字技术和软件，但思维是数字化的。设计底层把设计跟数字化建立关联，数字化就会产生意义。另外就是价值观问题，这是数字化无法替代的，难用数字化去实现。

高岩

唐芃

肖靖

郭馨

万欣宇

深度设计——高岩

从海德格尔到哈贝马斯这些较早的哲学家，就认为我们的技术在工业化社会之后，开始重新塑造整个社会运行模式，慢慢地把人异化，开始把人自身的价值剥离，使社会成为一个非常技术化、逻辑化的组织结构，人慢慢丧失了感受、生活的意义和信仰，等等。

数字化领域的新趋势叫机器学习，建筑学的危机是电脑根据计算能力通过学习过去最聪明的大脑和知识，获得创意或者创造能力，所有技术层面的事情都被电脑或者人工智能代替，而建筑师可能会变成数据分析师、艺术家、社会学家或者心理学家，成为非常综合的角色。

在实践和教学中不会刻意强调数字化，不会只关乎技能，因为数字化教不了学生价值观、智慧和经验。但未来绝对是大数据时代，那么建筑师在可预见的未来人居中能做什么？建筑师的存在意义在于社会性，要做顶层设计，要比较全面综合地考虑社会学、结构工程学等。

数字入侵——唐芃

很多人对数字技术在建筑设计和城市设计中的应用存在一定的思维误区。并不需要所有的人都要走上数字技术这条路，有能力的人在前面把这件事情做了，留给我们建筑师更多的思考设计的时间，其实就足够了。数字技术或者程序研发者应当是建筑师本身，因为只有建筑师才了解到底要解决什么问题。对于建筑设计的房屋本身，我们能够实现的是互动系统，但仍然存在着数据传输、设备持久性、耐久性等技术壁垒需要突破。有很多固化的问题可以用统一的编程或者研发来做，我们进行系统性的研究和研发的问题一定是具有典型性的，在设计的方法或者规则上，能够非常完整地提取参数。所以，写入计算机的功能类型都可以作为经典问题去研发。

数字技术重塑的学科边界

数字技术相关的学者不断探讨用新技术和计算机媒介推动建筑设计的思考，所以我们该以怎样的设计思考或者语境理解数字技术给学科带来的影响？其主要的价值在哪里呢？它的研究边界应该如何界定？

数字入侵——唐芃

只有理解了边界的位置在哪里，我们才能从教学、科研或者市场的角度去突破设计。首先是设计的边界，设计师根据场地获取信息，然后通过所学知识进行设计。建筑设计始终是多目标的，取最优解，当无法用大脑来解决的时候，即到了设计的边界，此时可以用电脑程序来辅助决策。其次是建造的边界，随着绿色和环保的要求增多，材料的多样性以及建造方式的可能性也随之增多。所以建筑师必须了解新的材料和新的规范，在工地上了解新的建造过程和新的方向。最后是建筑管理的边界，建筑是一个全流程的过程，物联网和智能化建筑都要求建筑师对已建成的建筑要有全面了解。所以建筑师必须不断地充实知识，不断地理解行业未来的发展方向，才能在设计行业中不被淘汰。

从功能上来讲，21 世纪的智能节能建立在 19 世纪城市和 20 世纪的现代主义基础之上。现代主义有两个错误，一个是功能主义，另一个是毁灭城市。而我们让建筑可持续主要纠正的正是这些错误。首要目标就是让建筑充满趣味。百年建筑和百年城市最大的挑战就是实现对功能的转化，所以开放建筑能使建筑寿命达到 100 年甚至更长。

高智能 低能耗 可持续——贾倍思

高岩　唐芃　贾倍思　肖靖　王浩锋

数字技术中的历史和人文的内在秩序

在不同的语境当中，数字技术中的历史和人文的体现会有一定地域性，或者说有不同的应对方法。如何看待当中的内在秩序，以及如何运用于建筑设计和更新改造当中？

大量的快速建造造成了历史的割裂等一系列问题，如何认识历史，是建筑师首先要关注的。其次是如何理解功能，现代主义的功能分区相对明显。实际上，功能在不断地走向混合。最后是技术应用，建筑本体需要和其他学科进行交叉才有可能更好地适应变化。所谓中性的建筑也是尊重人的建筑，不管是未来的发展变化，还是每个人的不同需求，建筑是留有余地的，是人性化的。

数字技术中的历史和人文的内在秩序，首先是公共空间，关注到城市公共空间里人的一些行为，这是建筑中非常有城市人文主义精神的方面。其次是结构给空间赋能，给空间产生弹性化和长效化的使用效果。技术则更多是跟建筑本体和建筑师的创意直接相关联。最后才是数据和智能化的应用。

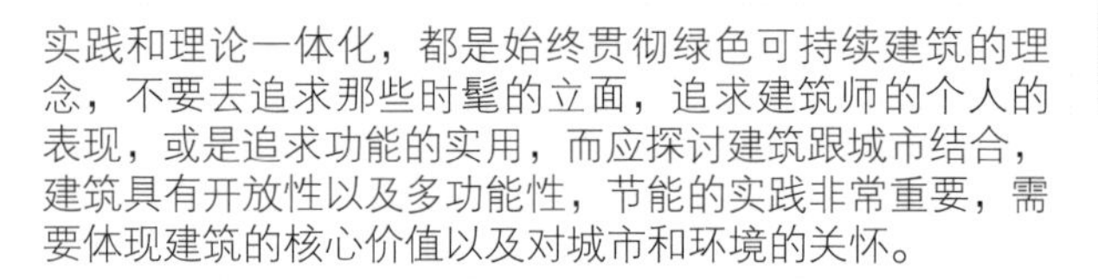

实践和理论一体化，都是始终贯彻绿色可持续建筑的理念，不要去追求那些时髦的立面，追求建筑师的个人的表现，或是追求功能的实用，而应探讨建筑跟城市结合，建筑具有开放性以及多功能性，节能的实践非常重要，需要体现建筑的核心价值以及对城市和环境的关怀。

高智能 低能耗 可持续——贾倍思

建筑历史和建筑文化才是真正的智慧，要学技术，要懂得运用技术，最大的智慧是给一个地方的一群人创造一个空间形象，让他们觉得骄傲，让他们觉得有归属感，这才是高智能建筑。开放性建筑应该是为智能化建筑提供了更好的条件，城市更新从可持续发展角度出发，探寻有什么类型的资源，判断什么东西是好的，什么是要保护的，要充分利用现有的条件。其中，人是最关键的资源，怎么把人的积极性调动起来，这也是可持续开放建筑中的关键之处，即参与性。如何将数字技术与建筑历史、建筑文化相协调？用哈布拉肯开放建筑中的观点：分层（levels），第一层是城市肌理，第二层是建筑结构，第三层是建筑立面，第四层是室内生活。开放建筑并不强调建筑立面，但是建筑师本身非常强调，BE 强调建筑立面必须独立于建筑，立面可以更换但建筑本身内核没有改变。用开放建筑分层的概念来做旧城改造，应该会取得一些令人兴奋的成果。

深度设计——高岩

深度设计就是知性探究（intellectual inquiry），一个基于智力探寻的过程。通过不断探究询问，逐渐发现项目更深层次的内在问题和价值点，这是创作手段的关键。这样的探寻过程最核心的基础是积极的实用主义。艺术家最痛苦的是如何去理解和超越自己。建筑这门学科过于复杂，所以建筑师在深层次思维和艺术方面相对来说比较浅显，而深度设计则是设定和发现逻辑，发现各个部分的关系，从而引导设计的结果。

高岩 贾倍思 肖靖 艾志刚 何川 齐奕

对建筑学教育的变革

高智能 低能耗 可持续—贾倍思

在日常教学过程中，可持续的设计方法如何通过一种相对系统化的方式传达给学生，让他们理解目前在传统的建筑设计中所遇到的问题和挑战，以及如何用您的这种新的方式去回应这些挑战？您对于具体的建筑学的教育方法有没有什么新的想法？

做教学和科研以及现在做设计，都应该是融会贯通的。教学上有些想法能够跟学生一起讨论，能够做一些设计，比如以不同情景去假设他们如何在 BE 设计的开放住宅中布置空间，他们设计的建筑平面只是一种生活方式的体验，而每个人的生活方式是不一样的，建筑应该是去适应生活方式，而不是强迫使用者去适应设计出来的标准化空间。我一直鼓励学生在设计中尊重周边环境和人的行为方式，强调去关注周围的其他学生在做什么，并跟他们的设计进行呼应，同时也不能够委屈自己的设计。

数字入侵—唐芃

我更多关注的是如何在体系拆分的方式下进行模块化的组合，也尝试在教学当中用参数化的构建去进行数字化储存和模块化的数据分析。我想请问各位老师是如何将建筑技术和教学进行结合的？

如今越来越多的高中会加入基本的计算机语言或者编程学习等基础训练。传统经典的建筑学教学体系把学生直接带到图纸绘制或者是模型制作等单向深化的境界，学生渐渐将原来拥有的优势忘掉。建筑学本身对学生的知识深度要求很高，同时对知识的广度也是需要的。当学生有很好的数字基础，再和他们的建筑设计知识进行结合时，学习效率就会突飞猛进。我们在教学中通过师生互娱共同体 Inter Learning 形成学习和工作研究的良好气氛，老师和同学在遇到问题的时候，都是共同探讨，每个人发挥各自的优势。

我们的团队有 30 个人，每年都会做精细的安排和准备，比如谁在哪个时间段上什么，学生如何选课。一年级其实没有生成设计这个课程，只是在通识教学里面加强了计算机语言和高数的教学。二年级我们将美术课转变为艺术与媒介课，从单纯的绘画脱离出来，了解跟建筑相关的艺术门类，除了绘画，还有平面设计，还有互动式的设计、平面构成以及其他内容。在二年级到三年级的暑期工作营中，我们会教程序语言。从 Java 语言的 Processing，学生开始自己编写程序，然后来完成自己的目标，因为商业软件没有解决这些特殊任务的功能。四年级的设计课是选导师制，我们工作室的课题会被展现给同学，然后同学们来挑选。我们有城市设计、公共建筑、交叉学科和住区设计四个模块，每个同学必须在这些模块里面选课。

关于数字技术，深大是作为一门选修课程去进行教学的。参数化设计对学生本身的要求非常高。在低年级学生专业课较多的时候，从简单的建构入手，让他们开始慢慢熟悉。

数字入侵，从学生角度来讲，更多的应该是一个主动吸收的状态。第四科学的范式，最大的特点就是数据密集型的一些研究。建筑学作为一门传统学科，其知识或者结构体系更新迭代是相对比较慢的，我们建筑学的知识体系已经开始慢慢地适应我们的工业 4.0，或者说我们的 2025 数字化新常态。

唐芃　贾倍思　肖靖　杨镇源　曾凡博　齐奕

IV

专题 03

专题03
空间更新

范式与原型

（原“城市更新”）

2021.05.18
第五讲

涤岸之兴
——城市滨水空间

章明
同济大学教授

2021.05.25

第六讲

形制的新生

——中国当代性语境下的创意实践

祝晓峰

山水秀建筑事务所主持建筑师

专题对谈

注：教学时专题分别为：美丽乡村、数字建造、城市更新；出版整理更新为：遗产记忆、数字智能、空间更新。

专题 03

空间更新

范式与原型

2021.05.18 | 论道 | 第五讲

涤岸之兴—城市滨水空间再造

章明 教授
同济大学
ZHANG Ming，Professor
Tongji University

杨浦滨江南段公共空间总设计师，2019上海城市空间艺术季总建筑师，亚洲建筑师协会建筑奖金奖和世界建筑节WAF年度大奖获得者，同济大学教授、博导，景观学系主任，同济设计集团原作设计工作室主持建筑师；兼任住房和城乡建设部科学技术委员会建筑设计专业委员、中国建筑学会竞赛工作委员会委员、科普工作委员会委员、建筑改造和城市更新专业委员会副主任、上海市建筑学会建筑创作学术部主任、上海市历史风貌区和优秀历史建筑保护委员会委员等职位。

图 1　杨浦滨江基地背景　© 原作设计工作室

“章明以滨水公共空间的改造和更新为案例，提出了系统化空间营造、历史文脉延续、基础设施复合、场景节点构筑、生态环境修复和公共艺术植入的六维城市滨水空间再生理念。”

城市更新："拆改留"到"留改拆"

未来对科技和经济发展的影响是多方面的，但从政府甚至更大范围的大环境观的角度来讲，更新改造取决于我们的态度。上海更新之快，一年一个样，三年大变样，但是今天城市已有一大半被拆掉，曾经熟悉的生活氛围已不复存在，我们开始重新思考推土机一样摧枯拉朽的"旧城改造"模式，希望从"拆改留"转向"留改拆"。

2017 年，上海做了一次全面的 50 年以上建筑的甄别，原来历史建筑通常都是 70 年以上，放宽到 50 年以上甚至更近，使城市更新从"拆改留"的顺序变成"留改拆"，以留为主，在可能的条件下尽量"留"，留、改、拆之后，大量的民生都要改善。

解决民生问题，政府提出"并举"概念，该拆的拆，该留的留。战略的演变也是价值观的演变，从摧枯拉朽的旧城改造模式进入城市有机更新的模式，最核心的就是关注其内核，这是城市未来十年的一个重要的切入点。

公共空间营造

公共空间营造包括多方面的系统整合，需要通过多要素复合的整体性的城市设计，用城市设计的思维、眼光和视角、视野去切入滨水空间的再生。涉及几个重要的主题，比如城市链接，完全关注水岸和腹地之间的连接，而不仅仅是做一层皮或者一个条带；场所挖掘，有识别度的城市特色空间的挖掘，避免千案一面；智慧景观，以信息技术驱动的滨水空间。

杨浦滨江工业带曾是权属分割的一种状态，沿着杨树浦路到黄浦江之间是一家家并列条带状独立用地的工业厂区，所以老百姓是临江不见江的。杨浦是上海的工业大基地，也是上海城市基础设施的支撑地，所以我们在 2015 年底做滨江工业带方案设计时提出一个全新概念：以工业传承为核，打造一个生活化、生态性、智慧型的 5.5 公里连续不间断的工业遗存博览带。"三带贯通"还包括漫步带、慢跑道和骑行道"三道"交织的活力带，并特别强调了一条原生景观体验带，关注人的体验和人的多元活动，包括不同年龄层的人在滨江边的活动空间（图 1）。

"锚固"是时间的叠合，要剥离出时间的剖断面，在场所当中可以进行追溯和体验。设计师一定不能简单地锚固，但是"锚固"的功能在发生变化，它服务的人群也在发生变化，因此我们提出跟"锚固"相对应的"游离"，这个游离既要对既有环境保持尊重、有限介入，同时设计师又要用一种清晰可辨的方式避免和既有环境附着与粘连，我们称之为并置的关系和比对的建构。

在设计中流露出的传统情感，它看起来是熟悉的，但是又有一点

图 2　杨树浦电厂遗迹公园的黄昏　© 章鱼见筑

陌生，所以我们强调向史而新，设计既是对过去的眷顾，也是对当下和未来的投射。

杨浦滨江示范段是我们中途接手的，场地上面每一处特征物的留存都面临着巨大的阻力和时间的压力，是抢救式保留，因此我们提出有限介入和低冲击开发，把工业遗存再生利用，对已有路径重新梳理，对原生植物进行复原和保留，与周边地块沟通。

防汛墙，景观设计师考虑的是如何美化，而我们认为它可能造成了空间的阻隔，我们在做滨水空间的时候，不只做滨水空间，而是在做城市跟它的链接，建筑师是在做空间营造，而不是美化或铺装。如果说黄浦江是上海的城市客厅的话，那么苏州河可以称为上海的城市起居室，因为它跟城市的居民生活连接得更加紧密。我们在这里创造了一系列具有丰富高差关系的空间，与城市形成充分链接。

九子公园从一个封闭的公园变成完全开放的公园，诸多合并的公共空间融为一体，所以它首先是一个城市的公共空间的梳理，比如我们就利用打捞船的码头营造了一个有高差的公共空间。建筑师在做的要点，公共空间的营造是第一位的，它不是化妆或简单的铺装，而是把立体的标高做好。

历史文脉的延续

历史文脉的延续，我们提出叫寻脉潜行，延续场所继承的文脉线索；它又是锚固游离，物质留存和诗意呈现并重。

原有栏杆设计方案不适合这个场所，没有跟场所的精神发生链接或对话。所以在设计中，我们把输送原料、水的管变成灯，曾经流淌能源的水管，现在里面流淌的是光，所以这个灯成了杨浦滨江的场所特征，看到灯人们就知道到杨浦滨江了。地面的铺装复原了原有的地坪，用五道工艺去提升地坪的工艺和标准，但视觉上还是原来的感受，这样就强化了场所记忆，增强了居民的归属感和认同感。

工业遗存更重要的就是能够活化，能够演绎。怡和纱厂旧址的所在地，连接防汛墙跟高桩码头之间的连接桥，采用脚手架式的建构方式拉了束锁，很像纺织机里面的整经机，既解决了高差问题，又强化了对纱厂的场所记忆。粗沥的地坪，反而体现了高桩码头的本质，底下是黄浦江的水，小朋友很喜欢在这里跑上跑下。生态工业遗存的再利用，有助于人们对场所形成良好的归属感和认同感。

损坏的拴船桩，我们到仓库又把它们重新请回来，摆了一个船头的形式。有时候现场很有趣的现象是每一个桩位上都坐了一个人，也很有城市场景，我觉得它们重新找到了生命，发挥了它们的价值。

杨树浦电厂遗迹公园围墙外成了公共空间。厂区内的雨水花园池等，都是原来的建筑的所在地，我们将其转变为公共空间，让这个空间变得更加疏朗。但是假如简单地把这些建筑拆除，所有的痕迹都不留，原来杨树浦发电厂的肌理就被破坏了，所以我们把肌理都保留下来，利用被拆除的建筑物的基础做了雨水花园。还有煤灰斗，我们把它倒立过来成了凉亭，深水泵坑的泵管和泵芯成了场地当中具有工业美学和雕塑感的艺术品和高杆灯，原来输煤的栈桥、履带，我们把它们变成了植栽和可以通行的人行步道，在这个步道上可以眺望黄浦江（图2）。

原来小的趸船就是浮码头，由于年久失修，要重新维修的代价也大，所以后来不上人，但把它变成一个生态浮岛，里面还加装了很多柱列，这种小的构件是为了方便鸟儿停留的。配电间、卫生间都做了一些斜坡嵌入，很自然地嵌入体系当中，材料采用了跟场地最匹配的钢板桩。

原来的净水池，通过劈锥拱的形式做成了咖啡厅，薄薄的浮水是再现原来净水池的场景。基础保存下来，在基础之外一圈做了劈锥拱，从劈锥拱里面可以远眺大的烟囱，原来的一些基础成为室内的坐凳、座椅等。

钢板桩互相咬合形成空间的界定，形成卫生间、配电间配电房、廊亭。这里有一条小小的廊亭，里面做了一些栈道，可以穿越原来保留的老痕迹。老电厂工人回来还记得在这里工作的情景，虽然电都没有了，变成了开放空间，但是肌理还在。

苏州河我们做的黄埔段，也是苏州河最核心的一段。我们利用吴淞路闸桥原来留下来的桥墩做了一个介亭，另用构架恢复了原来划船俱乐部的泳池空间，使泳池重建天日……对历史环境的锚固和再挖掘，是我们所建构的关系。

叠合生长：基础设施复合

在城市中，基础设施跟老百姓及其生活有密切关联，但就公共空间角度来看，它又是封闭且拒人于千里之外的，所以我们提出了基础设施的叠合生长，整合使用权促进它们的复合，把基础设施建设融入公共空间之中。

再来看栈桥的案例。栈桥长 550 米，它北边的杨树浦水厂是 1883 年英国人建造的城堡式水厂，现在是国家文保单位。水厂成为最大的一个断点，而杨浦滨江工程最重要的就是贯通，在这里如何贯通，当时做了很多方案，最后有了一个非常好的契机，就是不要打防撞桩，

图 3　M2 游船码头　© 章鱼见筑

利用城市基础设施给我们提供开放空间。老房子和新房子共存，使得历史感和时间的厚度就体现在了栈桥当中。拴船桩原本是要拆除的，我们留了下来，把它们留给地方，留给老百姓。

苏州河边的加油站，我们打破了以往千篇一律的加油站模式，创造了一个不同的加油站。这里原是上海的第一国营加油站，所以我们试图做成复古加油站，通过不断沟通优化，提升工艺，最终实现了加油站与咖啡厅的复合，打破了人们对加油站的刻板认知。

回到黄浦江的另外一个码头。原来这个地区是水泥码头，原有的登船的栈桥都没有变，既有场地是一个很零散的建筑物，我们现在要贯通，做了一个立交：底部做游船码头，游客就从这里上船，公共空间步行、骑行从顶部走，这样就完全成了一个自我化成型的基础设施（图 3）。

绿之丘之前是上海卷烟厂的烟草仓库，城市道路规划恰好穿越而过，因此它原定是要拆除的。后续经过研究论证，认为它更具有保留意义，因此我们将房子改成一个桥屋，跨越城市道路，就像一座桥底下做减法，相当于是削减出来的房子。使用权属与复合利用，使得城市道路实现穿越，跨越城市道路到达滨水的公共空间，城市道路从顶部分裂形成了非常好的复合。这种基础设施整合，是一次很好的创新。建筑师做滨水空间，首先是空间营造，其次才是绿化（图 4）。

生态环境修复

滨水空间的生态修复：有限介入，对场所既有生态环境进行修复与提升；生境营造，打造人与自然和谐共存的生境保育体系；水城共荣，跟城市的生态体系形成一个整体。

雨水花园之前是一块低洼地。我们利用原生态的水池，在顶部架设一座栈桥，然后把植物种类缩减做水生植物，并做了很多的现场建构，结合人体功效学和使用需求，产生了非常好的效果。

绿之丘北坡下面是新打造的生态空间，卧在整个城市道路之上，在不同的角度做了多层平台，把人自由地引导到绿之丘之上。当中双螺旋的空间，做了 8 米悬挑的环，这也是一个创新点。

场景节点构筑

场景节点构筑：大小关联，分解性再构；大小回应，时间性调试和场地记忆；小有所思，日常使用场景构建。

人人屋，有休息处、书、微波炉等，提供了温暖的驿站，其中垃圾桶和整个植物配置很有野趣，并没有做得像城市的场景那般“姹紫嫣红”。之后做的人人馆，也是用的钢木结构，一方面杨浦滨江因地

图 4　绿之丘沿江面鸟瞰　© 章鱼见筑

图 5　灰仓艺术空间　© 章鱼见筑

面较硬，需要柔化，另一方面这里原是祥泰木行的旧址，所以用了一些木头再现原场地中堆满原木的场景。

曾经封闭的“闲人免入”的工业岸线，变成了现在人人可达的开放共享的生活带，每次看到滨江人山人海的时候，就可以感受到老百姓在享受生活的美好。为什么建筑师已经做到我们这个年龄依然有激情？是因为建筑师能够获得自豪感、成就感。绿之丘代表上海这座城市对市民的宠溺、宠爱，能够提供滨江这样的公共空间，让人们自由地漫步，自由地发呆。

改造前后，所有的大树、大的格局都没有变，但原来的建筑升级成了最美公厕、最美加油站、最美驿站，给市民提供了各种活动场景。

公共艺术植入

公共艺术的植入，是指滨水公共空间的艺术化。2019 年上海城市空间艺术季，艺术家的作品被植入杨浦滨江南段 5.5 公里城市公共空间，而这整个公共空间本身就是这届公共空间艺术季最大的展现，是艺术化的配置。

如何创造性且有效地使用历史资源，我们首先做的是还江于民，改变了曾经“临江不见江”的城市空间结构。其次是工业文化遗产的重新振兴，从被人嫌弃到让它们重新融入城市的日常生活，回到公众视野，并且有机地融入我们现代生活中，绝对是很有价值的。此外滨水空间的再生激发了城市更新，改善了城市的公共服务，修复了城市生态，促进了周边区域的发展和产业升级。我们设计的杨浦滨江公共空间可以说是滨江公共空间的先行者和示范者，为同类工程提供了很多的经验（图 5）。

网上的一个评价，我觉得抓得比较准：一是有清晰的思考，我们当时就有非常明确的价值观和定位。二是整个理念策略的一以贯之，整个杨浦滨江我们是总设计师，但实际上后来有另外的设计团队加入，在我们所输出的价值观的统领之下，一以贯之地在做，所以整个杨浦滨江既有差别，但是又可以看到它有一个统贯的核心理念。还有就是有限介入，即恰到好处的介入方式与细节把控。

八合一

在打造城市公共空间当中，我们所提出的六大方面，系统化空间营造、历史文脉延续、基础设施复合、场景节点构筑、生态环境修复和公共艺术植入，也是我们六大发力、六大关注的六个抓手。最后我们提出八合一，把城市设计、建筑设计、景观设计、市政设计、水工设计、生态修复、智能设计和艺术设计整合到一起，实现总设计师团队的工作组织。

图 6　茅洲河燕几之翼　© 章鱼见筑

图 7　茅洲河悬亭　© 章鱼见筑

图 8　向史而新—章明教授于杨浦滨江船厂段　© 原作设计工作室

深圳实践

最后谈一谈我们在深圳茅洲河的实践。建筑师团队做公共空间，就是要把重要的景观节点和建筑景观一体化，抓几个重要的节点，来激发它的活力，提高整体品质（图6）。

左岸科技公园原来布满了厂区厂房，我们做卫星桥把两岸贯通，上游做了一些生态修复的工作。我们做生态修复的营造不仅仅是让植物能够长得更好，让小鱼、小虾、小鸟回到生态空间，更重要的是让人也能够回到生态空间当中来，所以我们的卫星桥是可以让行人走下来的，两边也可以走到洲上面。原来的布局我们都保留不动，但是形成了一个非常好的场景。

龙门湿地的这个点位是跟东莞相连接的点，将来这个点可以架桥过去。在释放公共空间方面，我们做了两件事：一是把水通过湿地净化之后再回到茅洲河，这是生态文明的一个体现；二是利用塔吊，穿了两根铁链，做了一个称之为龙门湿地公园塔吊的咖啡厅，打造了一个玻璃盒子，悬浮于湿地之上（图7）。

燕罗体育公园，这里原来是个垃圾堆场，周边都是厂房、企业，而我们觉得恰恰可以释放出茅洲河旁边的一个体育运动公园。我们认为这个场地应该首先做生态修复，所以把垃圾场首先当作一个湿地来做，像田垄一样，一片片的田垄悬浮在湿地之上，下洼地就是我们的球场，当下大雨的时候，这个低洼地也可以做雨水调蓄。我们打造了一个新模式，有整个室内驿站的使用空间，还有水利净化的功能和雨水调蓄的功能，等等。

快速而粗放的城市化进程，抹去了原有产品的历史痕迹。一种“喜闻乐见”的滨水景观模式，在黄浦江岸边及其他更多城市岸线不断被复制。而这种景观模式化后，便失去了自身的特色。所以我们特别强调场所精神。所谓的场所精神，就是存在并锚固于场地的物质留存，又存在并游离于场地的诗意呈现，这就是我们所要求或秉持的理念。向史而新，既眷顾过去，又映射当下与未来（图8）。

城市更新领域中，滨水空间的环境提升一直以来并不属于公众关注的核心问题。一方面滨水带更多属于基础设施研究范畴，与水务、市政等政府相关职能部门的管辖重叠；另一方面滨水带并非城市更新中增加容积率的主体，专业视域更多会集中到城市核心区的更新和改扩建。这种研究视野的变迁，从 2015 年前后同济大学建筑与城市规划学院章明教授参与主持上海杨浦滨江区域的整体环境提升项目之后，逐步在政府层面获得了更多关注和支持。这要归根于设计者对此特殊类型城市设计理念的坚持，以人民为中心并重视历史文化保护，在得山见水的同时记得住开放、美丽、人文、绿色、活力、舒适之下的乡愁。

章明提出一套针对性的设计策略体系，包括公共空间营造、历史文脉延续、基础设施复合、生态环境修复、场景节点构筑以及公共艺术植入等。在公共空间营造方面，系统整合多要素，城市水岸与腹地的联系，基于特色空间识别度的场所精神的挖掘，以及信息技术驱动下的智慧景观，对于空间营造都有重要的借鉴意义。

基础设施改造的难点在于使用权属的复杂性，从而在操作具体更新设计之前，要针对权属使用进行整合并提出相应复合利用的方式。与此同时，填补升级各类服务设施并赋能其建筑学价值，都会给基础设施的再利用打开新的局面。杨

2021.05.18 | 论道 | 第五讲

涤岸之兴—城市滨水空间再造

编者按

树浦水厂沿江段的大量防撞桩，如果不经处理则会深度伤害整体休闲地带的景观效果。通过与相关管理部门反复商议，章明教授的更新设计争取到改造权，并将这些原始的构件融合到沿江步道系统中。

保护生态环境日益得到政府和市民的重视，但简单修复既有环境的做法并不能从根本上提升场所质量，实现人与自然和谐共处，同时激活滨水空间的内在活力。“绿之丘”项目的多层绿色平台与双螺旋空间重新塑造了滨水空间的绿色环境，成为当代网红的新节点。而场景构筑始终脱离不开对秩序的理解，以及将其分解与重构。记忆的时间性与生活的日常，如何才能真正成为滨水空间的核心价值？回顾杨树浦遗址公园的案例，包括加建党建服务中心、驿站与人民城市建设规划展示馆等公共建筑，“绿之丘”又成为容纳展览等市民多功能活动的场所，苏州河九子公园方案中添加了很多艺术建构的设施，充满了童趣和老人休憩的设施。

章明教授的滨江城市更新设计为我们提供了一种全新的视角，在有节制地改善城市空间结构的同时，使得工业文化遗产重新融入日常生活，提升公共服务品质。设计让市民享受到经过精心修复的城市生态环境，也带动了周边产业升级；而这一点，章明正通过上海和深圳两地涌现出的设计项目，不断推动沪深滨水空间品质的提升。

专题 03

空间更新

范 式 与 原 型

2021.05.25 | 论道 | 第六讲

形制的新生—中国当代性语境下的创意实践

祝晓峰
山水秀建筑事务所主持建筑师
ZHU Xiaofeng
Presiding architect in Scenic Architecture Office

山水秀建筑事务所主持建筑师，同济大学建筑与规划学院客座教授，中国建筑学会建筑文化学术委员会委员，英国皇家建筑师学会特许会员，上海建筑学会建筑创作学术部委员。深圳大学建筑学工学士，哈佛大学建筑学硕士，同济大学建筑学博士。曾荣获Architizer建筑奖、Archdaily建筑奖、WA中国建筑奖、远东建筑奖、中国建筑传媒奖等重要奖项。其作品受到国内外专业媒体的广泛关注，并受邀参加威尼斯建筑双年展、米兰三年展、东京欧亚建筑新潮流展、深圳/香港城市双年展、上海城市空间艺术季，以及蓬皮杜艺术中心、荷兰建筑学会、英国Victoria & Albert博物馆、德国AEDES等艺术机构举办的建筑展。

图 1　autumn　© 山水秀建筑事务所

“形制的新生以‘建筑作为人的延伸’为视角，结合建构和空间秩序来思考建筑与自然条件、身心以及聚落环境之间的关系，尝试以形制为核心，在身心、本体、交互三个方面探索建筑的演化和新生。”

建筑是人的延伸

从衣服、陶器到建筑技术语言，人延伸出了各种各样的人造物。建筑作为一种具象的延伸，从最初产生时面临的环境和人的需求演化而来。建筑的演化有三个相互关联作用的途径：身心、本体和交互。首先是最基本的身心需求，包括个人的身心，也包括集体的身心，即社会的需求。接着是本体，建筑一出来，就像手机一出来就开始有自己的规律一样，建筑也有本体的、也就是自身的规律，这里面就包含空间、材料、构造等各种各样的建筑本体的要素。然后就是关联要素间的交互，包括自然要素、技术要素、社会要素等，往往是指它们共同的作用，让建筑在时代当中不断演进。这三条途径不是固化的，而是在不停的变化当中。在当代，生态系统、社会系统以及技术系统与建筑的交互最为激烈。

建筑的形制

形制（Form-Type），有形式和规则特征的类型，常见于中国考古学研究。从几何意义上，汉服、古琴等的形制没有必要分成这么多类，但它背后携带了人类学的含义，也即文化的意义，因而生动。在建筑当中也存在类似多种街坊的形制以及多种建构的形制，那么建筑的形制如何定义？西方类型学当中谈到的类型学，相对来说是偏向几何的归纳，即便昆西将风格等全面融合进类型，但主流建筑学思考的类型学仍然是基于集合类型的抽象，背后的材质建构的含义、文化的含义在几何抽象中往往被忽略了。事实上，就中国的建构的形制的一种——庭院的形制来说，它仍然携带跟文化、气候、结构相关的元素，

图 2　高安路一小华展校区　© 苏圣亮

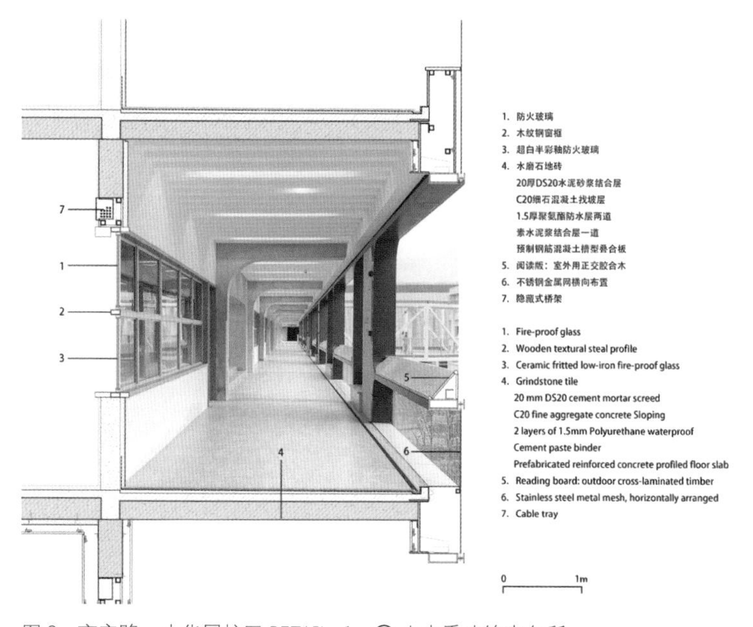

7
1
2
3
4
5
6
1. 防火玻璃
2. 木纹钢窗框
3. 超白半彩釉防火玻璃
4. 水磨石地砖
20厚DS20水泥砂浆结合层
C20细石混凝土找坡层
1.5厚聚氨酯防水层两道
素水泥浆结合层一道
预制钢筋混凝土槽型叠合板
5. 阅读版：室外用正交胶合木
6. 不锈钢金属网横向布置
7. 隐藏式桥架
1. Fire-proof glass
2. Wooden textural steal profile
3. Ceramic fritted low-iron fire-proof glass
4. Grindstone tile
20 mm DS20 cement mortar screed
C20 fine aggregate concrete Sloping
2 layers of 1.5mm Polyurethane waterproof
Cement paste binder
Prefabricated reinforced concrete profiled floor slab
5. Reading board: outdoor cross-laminated timber
6. Stainless steel metal mesh, horizontally arranged
7. Cable tray
0
1m

图 3　高安路一小华展校区 DETAIL-1　© 山水秀建筑事务所

它们没有被抽象后的几何过度过滤，也因此在形制的信息中传承了几千年的智慧。就像当我们在面对这一张古画对它进行形制的提炼时，尝试把承载的文化和气候的含义继承下来，而不是简单地模仿抽离。可以说建筑形制代表了建筑的自身规律，包括空间形制和建构形制，前者指向虚的空间，后者指向实体物质，包括结构、材料和构造。两者相辅相成，共同构成了建筑本体的基本概念（图1）。

以此为纲，我们把建筑延伸的三条途径——身心、交互、本体——做成三个轴，每个象限与其中两个轴相关，分为："庭院聚落"与身心、交互有关，"自由细胞"与本体、交互有关，"家的延伸"与身心、本体有关。在归纳总结时，我们也将下文举例作品分布其中，帮助我们更好地把握实践的方向。

庭院聚落一与身心、交互有关的形制

朱家角胜利街居委会和老年人日托站：处于风貌保护区中，不允许做现代建筑，必须采用传统建构方法。我们用传统木构围合出七个院落，在方向和位置上引导风、视线和动线，成为设计的最大乐趣。作为公共建筑，需要将一进一进的院落串联，组合多种功能，营造与河的互动关系。通透木质玻璃幕墙引进了柔和的光线，给公共庭院带来更多的通风和通透性。

朱家角人文艺术馆：是比较几何性的类型学演化，缺少形制层面的含义，可以作为批判性的案例反思。在空间类型上，是对建筑体积的一种分解，回应上海近500年历史的银杏树，把建筑分成了一个完整的首层，以及二层的五个建筑和五个院子。坂本一成曾在现场评价，如果采用江南建筑伸出檐口创造檐下空间来回应古树会更美。的确，对江南生活体验的理解和提炼不足，是这个建筑给我的启示。

黄浦江边格楼书屋：在江边的书屋需要眺望江景，有铁轨和江南造船厂的历史文脉，因此将空间、钢结构和家具一体化设计；同时因为占地面积不能太大，所以将楼层跟树的高度结合起来，形成自由上下的平台，当中用一部楼梯把这些平台联系起来。这个平台聚落可以说是一个立体的庭院，是庭院这个空间形制的延伸，也让限定庭院的方式不再是围墙，而是物质的平台边界和视觉的树林环境。

浦东新区青少年活动中心和群众艺术馆场地：这是对平台概念的进化演绎，将平台组合成大的公共院落，将各种各样大小的活动室结合绿化，布置在平台及平台之间，每个平台本身也是庭院的概念，实际上室内公开开放空间，与小的口袋型的户外空间都是庭院，整个聚落构成一种交织在一起的、跨界的、自由的网络。

高安路第一小学华展校区：在这样一块非常紧张的场地下，体积法还是非常实用且有效的。通过剖面设计，把多功能厅压在半地下，

图 4　东原千浔社区中心　© 东原设计

风雨操场在当中，篮球馆抬在上面，这样形成的坡面可以作为操场看台，然后把外部空间一直延续到教育教学空间的内部去。在教学楼，我们给走廊赋予交往和半户外阅读的亲切体验，并植入了近人尺度的空中庭院，这些口袋空间与普通教室一样大小，不仅可以改善内部庭院的空气质量，还可以在廊道旁提供更多的社交空间（图 2、图 3）。

自由细胞—与本体、交互有关的形制

金陶村村民活动室：基于周围的风景做出一个六边形的内天井建筑，六片围墙划分出六个空间以及当中有一棵桂花树的庭院。从外面看，是一个不规则的六边形，以相对外向的体积张开来；但在内部，建筑具有保护性，保护这棵树的成长，以后这棵树长大会反过来保护这栋房子。

华东师范大学附属双语幼儿园：这个设计是从六边形单元开始，因为单元跨度比较大，所以就做了一根柱子，让大家可以绕着这个柱子跑。这个自由细胞组合的复制性促进了庭院的发生。一楼的两个教室可以用一个庭院，二楼换了一个位置又共用一个庭院，小朋友总是会拥有两个教室分享的一个户外庭院。

谷歌创客中心：六边形的边界有一种自由性，能够让我们有机会获得曲折的路径。场地上这些英雄般的香樟树，60 年树龄却很孤独，我们把这些树保留下来，并做了这组建筑穿插在树林当中，用六边形边缘的三个边或者两个边设计了一组单元桁架，支撑在混凝土结构墙上面，它们以各自的角度自由穿插并游荡在树林里。

大沙滩海滨浴场：是从六边形边界提炼出来的“Y”字形。在海边做这样一个设施，从海浪里面吸取养分：海浪之间的追逐使第三道大浪可能越过第二道浪直接打到第一道浪，它们之间呈现的一种相互追逐的状态，被演绎成了一个多重退台交织在一起的单元性聚落，并形成更为疯狂有趣的活动动线。建筑在这里呈现出一种非平坦的活跃状态。

奉贤“在水一方”：这块场地原来有很多的路径穿过，像血管一样，我们就把血管之间的形态长起来变成山丘，几座山丘上面顶着一朵云。六边形空间单元的概念这次用在了剖面上，除了当中两个核心筒之外，整个空间被分成两个大的完整圆谷，周边的六个半圆形和 1/4 圆形下沉空间，就像陨石坑一样。它是一个室内的丘陵公园，人们可以在里面漫游，走到什么地方就下去参加哪里的活动。结构采用了双层混凝土壳体，利用壳体的起伏完成了大跨和悬挑。

家的延伸—与身心、本体有关的形制

云锦路跑道公园活动之家：这是在一个非常多线性元素的公园中，建筑如何呼应线性的元素，并能够给人提供亲切的空间。我们将江南

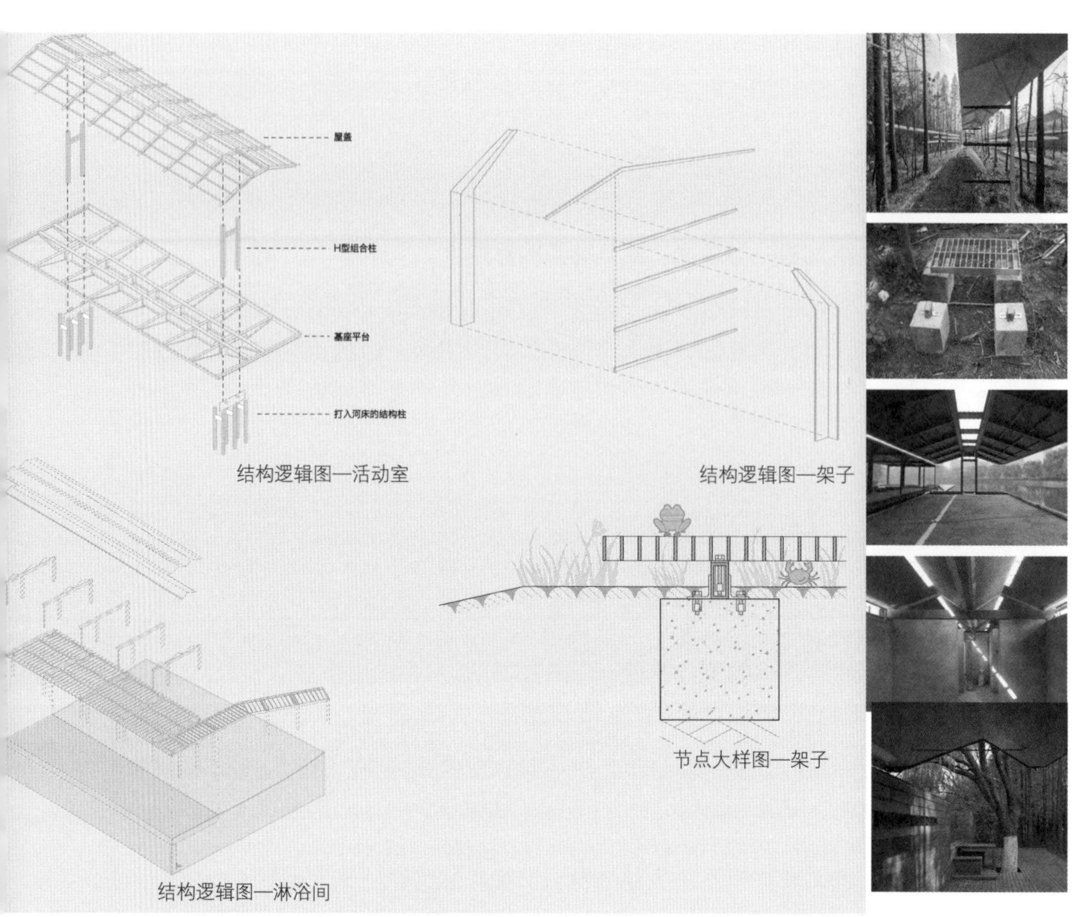

图 5　深潜赛艇俱乐部　© 山水秀建筑事务所

小屋的传统形制在纵向拉伸，创造了一系列连续的、变化的坡屋顶集合聚落，利用折板结构的性能，达到 15 米到 20 米的跨度，空间里不需要其他的柱子，这样形成的公共空间同时拥有了小尺度的亲切感。

苏州千浔社区中心：这个社区中心一方面要有私密性，另一方面又需要对周围社区开放，我们找到的平衡点在于，用混凝土墙交叠旋转 90 度上下搭接，顶上采用了与江南传统城镇屋顶聚落相关的连续反筒壳体。在这样拥有亲切尺度的空间里，当身体沿着一个方向运动的时候，思想会在和你垂直的另外一个方向的空中溢出去。这样，我们把建筑在开放和私密上的矛盾，通过本体结构空间转化生成一种新的形制语言（图 4）。

深潜赛艇俱乐部：我们采用了亲水的江南水榭这种建筑类型。赛艇运动是从西方传过来的运动，赛艇包含了身体与船体、滑轨、划桨等要素，是人体和机械工业的高度结合，也体现了人与自然的融合。该建筑坡顶的形态，跟选手的运桨动作有内在关系。艇库被分解成细条散布在杉树林中，训练室建在水中，两对细柱支撑的坡屋顶从当中分开，引入自然光，水面微风流动，省电节能的环保建筑飘然于水面（图 5）。

西塘市集美术馆：一层是条状结构的空间体系，用 Y 字形柱支撑一个完整大空间，二层是一个用周圈三维空间交叉木结构柱支撑的 600 平方米无柱空间，这一二层两个体系，可以进行不同的展览和活动。

南京园博村北区桥：作为进园区的入口，希望桥可以承载回家的意向，于是把桥头堡做成两个连起来的半开放的小屋，并且把家的屋型延伸成折板拱，作为结构的主体，悬挂下部由九块平台构成的步道和桥上市集。

祝晓峰由“建筑作为人的延伸”出发，从建筑本体思考入手；对他来说，基于建筑形制这一特殊而逐渐变得普遍的词汇，需要纳入针对自然、社会与技术的多元思维框架中，才能揭示其本质内涵。在面对现今的城市化环境时，这种思想体系究竟能在何种程度上，为使用者开拓新的视野，去理解城市空间特质？祝晓峰认为，“形制”作为词汇出现在建筑学理论认知体系，是从考古学等相关学科借鉴得来的结果，其核心内涵是一种有形式及其规则特征的类型，用形制来描述和归纳建筑，是出于注重和把握这种类型学研究在建筑的场地形式、空间形式与建构形式等方面所呈现出的特征。

在分析具体实践案例时，祝晓峰提出以若干设计概念为蓝本的综合体系，包括庭院聚落、类型学演化、自由细胞、家的延伸等。朱家角胜利街居委会和老年人日托站，以及邻近的人文艺术馆，是祝晓峰在探讨如何用富于现代感的庭院空间系列，在历史风貌保护区里构建和处理庭院与外部河流、建筑室内外的相互关系。

作为一种城市更新中的常见类型，新型学校的出现无论在开发强度上，抑或功能配置上，都对上海和深圳的城市环境带来了不同的语境。上海地区的容积率开发当然不及深圳，建筑师很难直接用体积法的方式去构思设计，这种情况下针对学校题材时，是否还有适当的灵活度去呈现高校的策略？

2021.05.25 | 论道 | 第六讲

形制的新生—中国当代性语境下的创意实践

编者按

经过仔细的测算，祝晓峰发现场地允许在南侧开辟 11 个教室单元宽度，而实际需求 8 个单元，“多余”的单元宽度被建筑师巧妙地安插了口袋空间，用来有效地缓解学校空间紧密而带来的视觉压力，增设丰富的课余活动场地。

自由细胞则代表一种新的形制。上海嘉定金陶村活动室的非正交几何体，不强求在自然环境中建筑形体的对比，形体的分布和屋顶的起伏都暗示出一种六边形单元。这种单元后来在祝晓峰的华东师范大学附属双语幼儿园的设计中得以充分体现。

以龙华机场的云锦路跑道公园活动之家为代表的系列建筑设计，是祝晓峰探讨“家的延伸”概念的开端。条形折板体系下覆盖的多元功能组合灵活而丰富，钛锌板双坡屋顶间断开窗的方式为室内带来了柔和的光线。这种处理屋顶的意识在苏州东原千浔社区中心等案例中体现得更为彻底，为了反映周边水体波纹的视觉感官效果，社区中心以混凝土的壳体结构呈现出反弧的形制语言和单元性重复。对周边环境的微妙处理是祝晓峰诸多设计的最为明显的诉求，诸如深潜赛艇俱乐部的设计，尽量避免破坏树林，也能用迂回的动线引导使用者贴近湖面，这应该也算是利用建筑插入自然环境的手段，让人体验到公共空间作为家的感知的一种延伸。

专题 03

空间更新

范式与原型

对话 03 | 专题对谈

当代建筑前沿 2021 春季学期系列讲座 | 第五讲

2021.05.18

涤岸之兴

—城市滨水空间再造

我们提出了“丘陵城市”的概念，就是要把这个城市从向高度变成向水平空间方向去发展，而这个发展一定是立体化的。坡状的丘陵，延绵的状态，以及人们在丘陵上可以自由地生息和蔓延，这改变了现在城市一味地向高度发展的趋势。

——章明

对谈嘉宾

刘　珩：深圳大学特聘教授
杨晓春：深圳大学教授
龚维敏：深圳大学教授
张宇星：深圳大学研究员

当代建筑前沿 2021 春季学期系列讲座 | 第六讲

2021.05.25

形制的新生

—中国当代性语境下的创意实践

我将认知转换为三个层面，即身心、本体和交互。在建筑学中，设计在多数情况下是源于个人的爱好或情感，而技术是一个强有力的推动，能让个人视角退远一点，从历史的角度去观看，用什么形制去结合社会、技术和自然。

——祝晓峰

对谈嘉宾

张之杨：局内设计创始人 / 主持建筑师
冯果川：深圳筑博建筑设计有限公司副总建筑师
刘　珩：深圳大学特聘教授

艺术的影响—建筑作品评议

祝晓峰本人透露出一种非常克制的人文气质，他对待建筑十分严谨，且极其严肃地探讨地域性、本土性或江南传统基因的传承。最近的作品中开始采用感性的、温情的表达，是否代表着你未来创作的新方向？

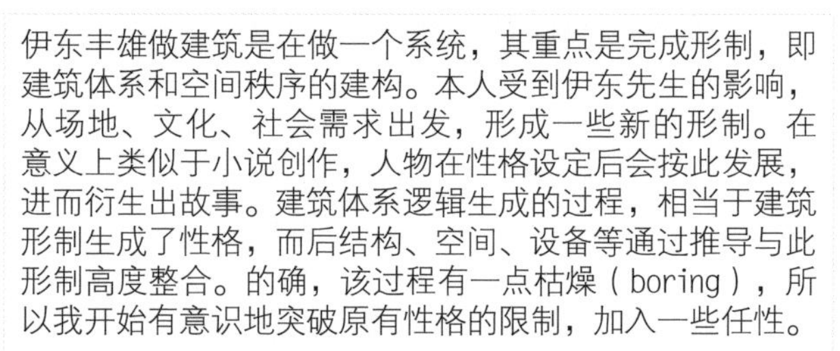

伊东丰雄做建筑是在做一个系统，其重点是完成形制，即建筑体系和空间秩序的建构。本人受到伊东先生的影响，从场地、文化、社会需求出发，形成一些新的形制。在意义上类似于小说创作，人物在性格设定后会按此发展，进而衍生出故事。建筑体系逻辑生成的过程，相当于建筑形制生成了性格，而后结构、空间、设备等通过推导与此形制高度整合。的确，该过程有一点枯燥（boring），所以我开始有意识地突破原有性格的限制，加入一些任性。

祝晓峰的作品从思考到结果的过程非常明晰，同时他拥有对材料、结构、空间系统以及整个设计思路的把控能力。他身上有一种来源于其他艺术的相当强烈的影响，此影响并不只是方法论层面或纯粹理性、清晰、思辨的事物。所以，电影、音乐或其他艺术对您的建筑设计是否有一定的影响？

提到艺术对我的影响，首先要感谢纽约。我对艺术和音乐的接触源于这座城市丰富的艺术层次，以及纽约会以一种较为平等的状态来呈现艺术。电影中，贾樟柯对我的影响是很情感化的，其电影先是源于对家乡的情感、观察和社会的关联性，之后他开始转向社会现实。他从没有投降过，这一点鼓舞了我。另外给予我启发的是斯坦利·库布里克（Stanley Kubrick）导演，他一生拍了10余部电影，但没有一个题材是重复的，他把每一件作品都当作自己最后的作品，将一件事做到极致，这对我的影响很大。

建筑空间形制与城市更新范型

形制的新生——祝晓峰

形制，是一种对空间原型的探索，更是在创造一些新的空间范式，比如，伊东丰雄的建筑跟身体的关系十分紧密。他将“平台”这一概念进行延伸——平台具有开放性，能促进人与人之间的交往，标高不同的平台能带来立体漫游的可能性，这是对生活多样化的催化和鼓励。或许平台在造型上没有特别震撼，但实际上提供了更多可能性。伊东丰雄更喜欢 places 而不是 rooms，是因为平台在创造场所，且是一种模糊的场所。再比如，路易斯·康有一种统摄能力，可以把结构的受力体系和设备体系以及空间场所进行融合塑造。祝晓峰在多个不同类型、不同方向的范式进行探索，将形态、结构和材料进行融合，综合场所感愉悦的同时，也能在建筑的形态中看到其本身所具备的结构可能性，或者说结构的挖掘。

涤岸之兴——章明

中国发展加速到矛盾冲突的交接点，城市开始暴露出的问题不仅体现在城市本身，也体现在背后的管理机制问题。中国巨量人口的现状和相当大的开发规模，以及当代城市居民对新型城市空间的需求和互联网时代美学观念，其背景是十分复杂的。而中国在特有的社会治理体系之下，政府、老百姓、设计师等专业人群对建筑的设计需求交织在一起，这都需要建筑师具有解决各方问题的智慧。章明的作品通过对景观、建筑、城市设计等多要素的整合，其范型的创造远远超过设计本身的价值。范型给政府、开发商和业主提供了新的设计模式，创造了新的价值，其解决方案对整套系统以及对中国下一阶段的城市更新和发展都具有非常现实的意义。不因构型美观而设计，解决设计的智慧已经超越于美学和设计本身，而是基于一个场景或一个范型下，我们能否提供一种新的融合设计的可能性。

祝晓峰　龚维敏　张宇星　张之扬　冯果川

实践落地的精细化控制和系统性统筹

形制的新生——祝晓峰

现场精细的节点以及木构建筑中精巧的部分在落地执行的时候是如何控制的?

我们会派建筑师在施工最关键的两三个月驻场解决各种问题。像王澍或刘家琨等建筑师会把施工中所产生的弹性和不可预料的粗糙性放在设计中，使其成为设计的部分，以减少对于施工精准度的纠结。当然，我认为这是一种理论，说起来容易，但他们背后仍然付出了艰苦的努力，哪怕去控制这种模糊的精确性也是一件非常不容易的事情。

涤岸之兴——章明

深圳在滨水景观的建设和河道两岸的空间复兴上探索了很长时间。一方面，更新涉及的土地关系非常复杂；另一方面，深圳城市建设速度非常快，去自然化完全抛弃历史，变成 40 年历史的新城。所以深圳要想做好滨水景观的复兴或再生，会面临前期土地如何协调、河道上房子是否拆除、在景观设计上如何深入、每个细节如何达到最高水准，以及如何让人感受到从尺度上的人文关怀等问题，这些都需要向上海学习。向史而新，深圳在既有遗产的利用和激活上做得远远不够。虽然都说深圳是文化沙漠，其实它也有自身的文化遗产及其特质。如何挖掘深圳既有空间的价值，转变成遗产，再走向未来，需要研究与思考。

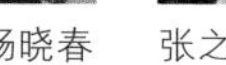

章明　祝晓峰　肖靖　杨晓春　张之扬

做城市公共空间，我提出要建立总设计师制，基于两个原因。首先是空间要素。公共空间涉及工种和对接的部门较多，个人力量在项目中只能起到领衔设计的作用。虽然所有的设计细节包括栏杆形式、灯串联方式、修复方式……都是总设计师应该全盘关注的，但关键还是需要多团队合作。其次总设计师最核心的任务是系统性地思考项目，把控各个环节，并将各环节用一条主线贯穿于整个项目之中，这能起到很重要的引领作用。

具体到政府职能部门，水务署如何划定和管理滨水岸线？

公共空间现在缺少标准，导致用地改造权属存在巨大问题。虽然设计师的系统性思维已经到了一定阶段，但政府之间的壁垒问题仍然比较严重。规划师做控规的时候，在绿之丘项目中设置一条城市道路，从路网密度和交通量的考虑上属于常规操作。但从总体来看，做控规不能在二维平面上简单粗暴操作，也不能不进行充分的现场调研。我们通过城市设计的概念方案后，反过来调整控规。通常政府不会轻易否定它，而是通过专家会来进行论证，有了论证就有了机会。我们做的事是在创造正向的价值时，就能够被政府认同。城市的主政者何尝不想为这个城市和市民做一些有意义、有价值的事情？当双方价值观和诉求一致时，即能推动新战略发展；当我们不断在做正向设计时，会发现话语权也随之提升。

从学术研究到设计实践再到学科融合

形制的新生——祝晓峰

建筑师多年实践后再攻读完博士学位，之后在建筑领域是偏向学术还是实践，抑或是将两者进行结合？

我将认知转换为三个层面，即身心、本体和交互，希望对建筑学有一定参考价值。在建筑学领域，设计在多数情况下是源于个人的爱好或情感，我作为江南人，对江南的文化、国画、山水、园林都非常感兴趣。但在设计中不能一味遵守旧传统，所以我更愿意从自身视角去挖掘传统的空间中所蕴含的智慧，如庭院和屋型的形式。在传统语境下将智慧用新的形制传承，能够让未来设计建筑和使用建筑的人体验、使用和理解。此外，技术是一个强有力的推动，我读博士的好处是能让个人视角退远一点，从历史的角度去观看，用什么形制去结合社会、技术和自然，当然，我最终目的还是为了实践。

涤岸之兴——章明

建筑师在基础设施的实践对城市起到潜移默化的影响，基于此，建筑师能否通过实践将无形的力量展示在人们日常生活中，或者说被他们所领悟？章明老师融合了城市设计、建筑、景观等多学科知识，最后通过建筑学实践的方式呈现，已然达到一定高度。您觉得未来学科发展的瓶颈在何处？还会有什么突破？

在城市有机更新实践中，建筑师应把视野放宽，去关注公共空间，更多从城市设计的视域去切入，把建筑、公共空间、景观完全整合在一个体系中。用景观都市主义或景观建筑学的方式思考公共空间，则可带来更多可能性，并发现设计中的巨大潜力。未来学科发展的更大潜能是将城市设计、建筑、风景园林三个学科进行融合，而不是强化各自所谓的一级学科的核心内涵。我不是在跨界，是融界，将多学科融合，使互相之间有所支撑，形成系统性的、综合大环境观的思考方式。同时，我近期的学术书籍都是关于设计的研究，我一直坚持不做纯理论研究，是因为我身处实践一线，基于设计中的问题做思考，将实践跟研究以及学科发展连接在一起。

章明

祝晓峰

刘珩

杨晓春

同学

提到未来学科领域还能走多远，本人在对城市公共空间多年实践以及对风景园林、景观都市主义深入了解之后，感觉风景园林可以作为一种新的价值观和方法论介入未来的工作中。当下城市发展到一定阶段并产生了大量的矛盾，矛盾的解决点变成了对景观都市主义或大环境观，抑或广义的风景建筑学的探讨。我应允做景观学系的主任，是希望对风景园林一级学科进行改变，希望景观学教学能够反哺我们对建筑学本体内核的思考，之后反哺风景园林。

在学科交叉融合上，公共空间是一个特别好的领域，从总体层面的城市设计到特定空间的设计复兴，从规划设计到场所营造，都包含工程师、社会学者等方面的参与。

建筑跟景观的边界在哪里？要融界的话需要打破哪些壁垒？

从地面上长出来的都是景观，当然景观会更关注人造地景。很大层面上，我们在做建筑的时候逐渐将建筑边界变得更加开放与共享，建筑跟城市、自然环境之间的对话会变得越发重要。我们提出“丘陵城市”的概念，将城市从垂直空间方向变成向水平空间方向去发展，像是立体化、坡状的丘陵，呈现绵延的状态，人们在丘陵上可以自由地生息和蔓延，这改变了现在城市一味向高度发展的趋势。此外，丘陵城市能够让城市或人造物与自然环境和谐共处，景观学在我国一类是农学农林，另一类是工科院校。在农林这一方面更关注整个生态骨架、自然、大型公园等，而工科院校更关注的是城市中的风景园林。如果将景观归入城市的风景园林，或者景观都市主义领导者詹姆斯·科纳（James Corner）所谈及的理论，景观跟建筑完全可以融为一体，用一种共同的思考方式去做。在多要素整合的系统性思考界面上，我不认为建筑和景观之间应该有什么界线或壁垒，当然从技术支撑看还是会有一定区别，所以我们团队里面会有景观设计、生态修复、水工的分支，其不同的技术支撑会有各自的特色。

回归本体的未来建筑学

祝老师您谈到在朱家角人文艺术馆反思时，发现在设计时缺乏一些对生活本质的提炼，当代建筑的语境又是一个多元化和复杂的状态，所以您在后来的实践中是怎样对生活的本质和身心进行提炼的?

建筑学的基础教育里，不仅学抽象的建筑构成，也做一些具象的人体尺度的研究，因此总体上不仅包含了抽象的部分，还包含了具象的部分，是相对私人和个体化的认知。当形成建筑设计的方案秩序时，应该鼓励自己用一种代入法，不要把自己当成设计者，而是把自己想象成建筑的使用者和管理者去检验设计。经过二年级到五年级的训练慢慢形成一种观念，认为建筑设计是一种比较抽象的建筑秩序的建立，但该训练有所缺失，如对身心具体体验的缺失。因为建筑作为人的延伸，最终还是会落到个体的身心、对建筑的体验和使用以及群体交流上。

章明

祝晓峰

肖靖

范悦

同学

我们这一代建筑师开始思考未来建筑学。庄慎提出change is more，抽离建筑的本体，用自己的行为去了解社会，再从社会回到原点去重新思考建筑的开始。他觉得这种改变是来自社会对建筑更新的诉求或生活方式。想跟肖老师探讨，您怎么看待未来的建筑学发展?

我也很喜欢庄慎做的事情，不过我不是他这一类人。可能因为人的个性不同，所以我会从建筑本体的角度去思考未来，然后用建筑本体作为载体去吸收新的技术和面对新的社会冲击。但庄老师也是一种状态的回归，只不过是基于现今社会的物质条件，这不光是生存的问题，还有各种各样的社会需求。在这样的条件下，如果没有过去对于建筑本体的惯性思考，那么在思考如何产生一种新建筑本体的方向上会遇到阻碍。我个人理解庄慎老师实际上还是要思考建筑本体的，只不过他想把以前的事情消除，比如假设我们现在身处没有任何建筑的世界中，浑身赤裸来到了一个有网络、有手机、有消费的地方，我们应该发明一种什么样的建筑。

当深圳还在做十大建筑这种宏大叙事的时候，上海已经开始低调地做政府民生工程，在建成环境的品质提升上展现其专业的前瞻性。章明老师呈现出整合的、整体的、全面的能力，证明无论社会如何变化，建筑师的设计能力仍能解决各种突发的或未来会呈现的新问题。那么建筑设计未来往会哪些方面走?建筑师个人应该如何发展?

2016年我们提出“向史而新”的想法，当时不确定是否有追随者或共行者，所以团队给我拍了一张孤独背影的照片。而今这张照片上应当有很多人，因为有一群人开始在共同实践“向史而新”。

附录

01

课堂记录及听众反馈

kings-men：上传一下吧！知识传播了才有价值阿

主播：深圳大学建筑系
人气：4364 粉丝：411
APP内打开
#祝晓峰：形制的新生#

某个酒酒：太强了太强了

kings-men：太棒了

主播：深圳大学建筑系
人气：4363 粉丝：314
APP内打开
#高岩：深度设计#

bili_28812972766：大佬

今夜不加班：好棒

bili_30559368802：肖老师最帅

fly_stone_：好美哦

主播：深圳大学建筑系
人气：4769 粉丝：314
APP内打开
#黄印武：遗产保护中的设计策略#

王害命：这就是案例，精髓是他讲的话

主播：深圳大学建筑系
人气：6363 粉丝：414
APP内打开
#鲁安东：城市更新中的人本主义#

王害命：蛮厉害的，学建筑的有不知道的吗(苦笑)

雀斑尤弥尔：老师字好好看！

chixa：芜湖~

主播：深圳大学建筑系
人气：2769 粉丝：314
APP内打开
#唐芃：数字入侵#

彗星来自地球：卡了？

Wake_pyy：太可爱了

fyt404181036：期待更多场讲座啊！

fyt404181036：对谈嘉宾因为相互熟悉，对谈异常精彩了！

Silence_4：在水一方hhhh

小北鼻惹：老师我来惹

主播：深圳大学建筑系
人气：3363 粉丝：411
APP内打开
#章明：涤岸之兴——城市滨水空间再造#

Murphy323：有录播嘛(°∀°)ﾉ

vanyoung：求录播 哈哈

Alibinge：计算部分的庞贝生成和生成部分的有啥区别

主播：深圳大学建筑系
人气：4161 粉丝：411
APP内打开
#贾倍思：开放建筑设计实践#

vanyoung：感觉更适合古村保护、特色仿古小镇

会议助理
fanyue

02

参与者名录

课程主持

范悦	深圳大学	特聘教授
肖靖	深圳大学	副教授
范雅婷	深圳大学	助理教授

2021春季学年主讲嘉宾

黄印武	上海交通大学	副教授
高岩	iDEA建筑事务所	建筑师
鲁安东	南京大学	教授
唐芃	东南大学	副教授
章明	同济大学	教授
祝晓峰	山水秀建筑事务所	建筑师
贾倍思	香港大学	副教授

2021春季学年对谈嘉宾

艾志刚	深圳大学	教授
冯果川	深圳筑博建筑设计	总建筑师
龚维敏	深圳大学	教授
郭馨	深圳大学	副教授
郭子怡	深圳大学	讲师
何川	深圳大学	教授
刘珩	深圳大学	特聘教授
彭小松	深圳大学	副教授
齐奕	深圳大学	副教授
万欣宇	深圳大学	助理教授
王浩锋	深圳大学	教授
夏珩	深圳大学	助理教授
杨晓春	深圳大学	教授
杨镇源	深圳大学	讲师
曾凡博	深圳大学	助理教授
张轶伟	深圳大学	助理教授
张宇星	深圳大学	研究员
张之杨	深圳市局内设计	建筑师

学生文稿编辑

谭慧宇	深圳大学	博士研究生
郭娟	深圳大学	硕士研究生
王雅丽	深圳大学	硕士研究生
张晨诗扬	深圳大学	硕士研究生
邓湾湾	深圳大学	博士研究生
王佳怡	深圳大学	硕士研究生

学生课程助理

刘鸿博	深圳大学	硕士研究生
王妍	深圳大学	硕士研究生
赖晓彬	深圳大学	硕士研究生

图书在版编目（CIP）数据

遗产·数字·更新．2021 / 范悦，肖靖，范雅婷编著．-- 北京：中国建筑工业出版社，2023.8

（深圳大学“当代建筑前沿”课程系列）

ISBN 978-7-112-28804-5

Ⅰ．①遗… Ⅱ．①范… ②肖… ③范… Ⅲ．①建筑学 Ⅳ．① TU-0

中国国家版本馆 CIP 数据核字 (2023) 第 111018 号

责任编辑：徐昌强 李 东 陈夕涛

责任校对：王 烨

深圳大学“当代建筑前沿”课程系列

遗产·数字·更新．2021

范 悦 肖 靖 范雅婷 编著

*

中国建筑工业出版社出版、发行（北京海淀三里河路 9 号）

各地新华书店、建筑书店经销

天津图文方嘉印刷有限公司印刷

*

开本：787 毫米 ×1092 毫米 1/16 印张：8¼ 字数：153 千字

2023 年 8 月第一版 2023 年 8 月第一次印刷

定价：78.00 元

ISBN 978-7-112-28804-5

（41066）